运检业务安装类仪器仪表典型设计

国网天津市电力公司

中国能源建设集团天津电力设计院有限公司　编

中国电力出版社
CHINA ELECTRIC POWER PRESS

内 容 提 要

《运检业务安装类仪器仪表典型设计》是推进仪器仪表标准化建设的重要手段之一，对电力设备状态检测、安全运行和智能管控起到积极的作用。本书包括概述、变电站一次设备在线监测装置典型设计、电压监测仪典型设计、电能质量在线监测装置典型设计、变电站站用电及出线电能表典型设计等内容。

本书可供电力系统各设计单位，以及从事电力工程施工、安装、管理、生产运行等专业人员使用。

图书在版编目（CIP）数据

运检业务安装类仪器仪表典型设计 / 国网天津市电力公司，中国能源建设集团天津电力设计院有限公司编 . —北京：中国电力出版社，2019.10

ISBN 978-7-5198-3575-0

Ⅰ . ①运…　Ⅱ . ①国…　②中…　Ⅲ . ①变电所－电力系统运行－检查仪－系统设计　Ⅳ . ① TM63

中国版本图书馆 CIP 数据核字（2019）第 171068 号

出版发行：中国电力出版社
地　　址：北京市东城区北京站西街 19 号（邮政编码 100005）
网　　址：http://www.cepp.sgcc.com.cn
责任编辑：唐　玲
责任校对：黄　蓓　郝军燕
装帧设计：张俊霞
责任印制：钱兴根

印　　刷：北京博图彩色印刷有限公司
版　　次：2019 年 10 月第一版
印　　次：2019 年 10 月北京第一次印刷
开　　本：880 毫米 ×1230 毫米　32 开本
印　　张：3.625
字　　数：95 千字
定　　价：30.00 元

《运检业务安装类仪器仪表典型设计》

编委会

编写组

主　　编：刘创华

副 主 编：刘　莹　方　琼

编写人员：梁仕伟　刘　政　刘宜杰　袁宏华　原云周
张　焱　王海啸　黄　伟　陶国栋　张庆英
孙建刚　张　野　于　平　张胜一　张文海
王小朋　满玉岩　王　晰　徐　福　钱丽明
刘　喆　周　森　刘亚丽　闫立东　李双宝
刘金龙　金　曦　金　鑫　侯建业　郑渠岸
高世伟　刘广振　滕　飞　马小光　张黎明
李苏雅　谢广志　庞　博

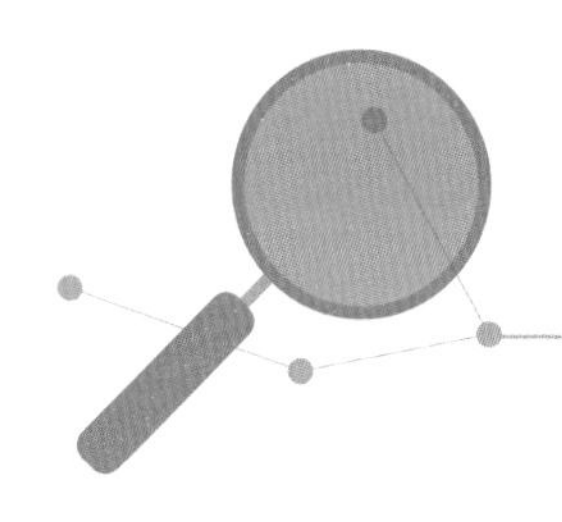

前　言

电力设备运维检修管理朝着大数据、智能化、物联网的趋势发展，具有在线监测功能的电力生产用仪器仪表种类繁多、功能多样，对电力设备状态监测、安全运行和智能管控起到积极的作用。安装类仪器仪表典型设计是国家电网有限公司标准化建设的重要组成部分，为规范在线监测装置、电能质量在线监测终端等运检业务安装类仪器仪表设计安装，国网天津市电力公司和中国能源建设集团天津电力设计院有限公司共同开展了主要安装类仪器仪表的典型设计工作，统一施工、安装、设计标准规范，施工工艺标准，使现场达到标准化。

本书共包括五章，首先对编制原则和成果内容进行了概述，然后分别介绍了变电站一次设备在线监测装置、电压监测仪、电能质量在线监测装置、变电站站用电及出线电能表典型设计等。本书主要用于指导运检业务安装类仪器仪表标准化施工以及规范化运维管理，可供各电力企业运维检修人员、设备施工安装人员参考。

本书在编写过程中得到了相关专家的指导和建议，在此向指导和帮助过本书编写的各位领导、专家致以衷心的感谢！

由于时间仓促，加之编者学术水平及工作经验有限，书中难免存在不足之处，诚挚希望使用本书的工程技术人员予以批评指正并提出宝贵意见。

编者

2019 年 9 月

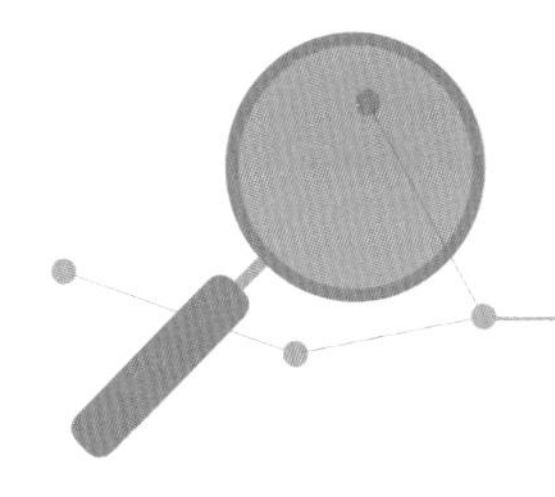

目 录

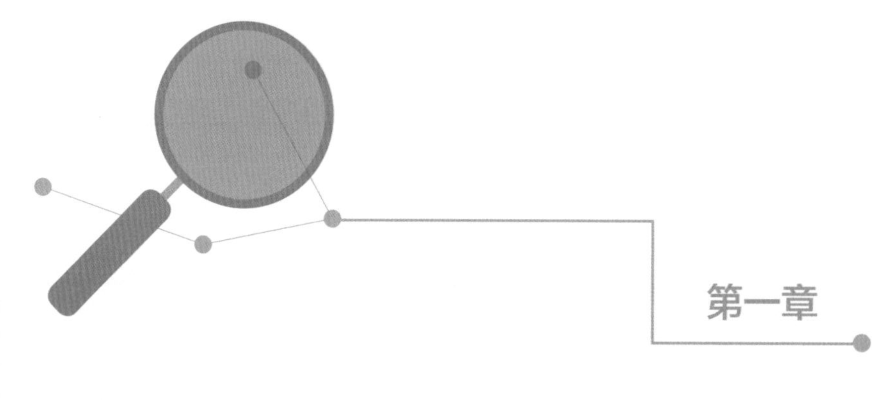

第一章

概　　述

1.1 编制原则

为深化运检业务安装类仪器仪表施工安装标准化建设，2018年国网天津市电力公司在全面总结近五年变电站一次设备在线监测装置、电压监测仪、电能质量在线监测装置、变电站站用电及出线电能表等安装类仪器仪表技术改造经验基础上，坚持以“安全可靠、设计优化、先进灵活、经济合理”的原则，落实资产全寿命周期管理要求，提高电网生产技术改造科学性、针对性和规范性。

1.2 成果内容

成果内容主要包括参考技术标准范围、主要技术指标、设计说明、技术方案及设计图、相应监测系统结构简图等。

（1）采用通用设计思路、标准化设计。对安装类仪器仪表的安装方式、安装位置、接线方式选择、安全运行环境等统一技术标准、设计图纸。

（2）典型设计方案覆盖面广，满足公司系统建设需要。四类安装类仪器仪表典型设计方案覆盖多种安装位置和运行环境，满足绝大多数安装类仪器仪表的工程建设和技术改造需求，方案适用性强。

（3）达到施工图设计深度，促进设计水平提升。成果内容可更好地指导工程规划和建设，加深运行维护人员对安装工艺的理解，有利于提升公司系统内设计、评审、建设单位专业水平，为标准化建设奠定基础。

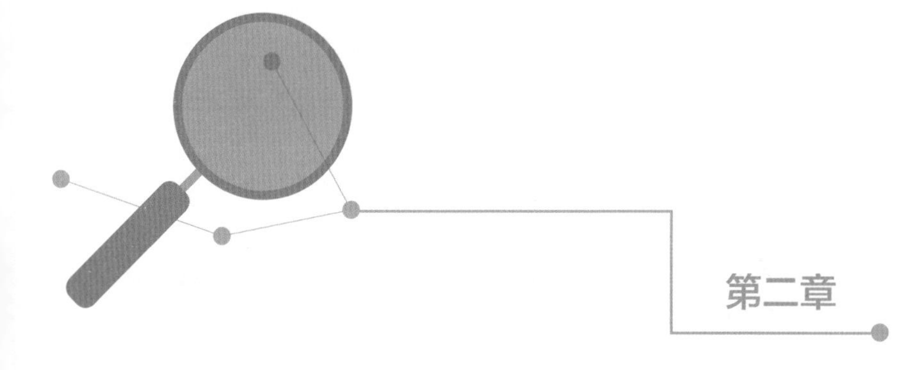

第二章

变电站一次设备在线监测装置典型设计

2.1 主要涉及的标准、规程规范

下列设计标准、规程规范中凡是注明日期的引用文件，其随后所有的修改单或修订版均不适用用本典型设计，凡是不注明日期的引用文件，其最新版本适用于本典型设计。

（1）GB/T 13983《仪器仪表基本术语》

（2）GB/T 2423.1《电工电子产品环境试验　第2部分：试验方法　试验A：低温》

（3）GB/T 2423.2《电工电子产品环境试验　第2部分：试验方法　试验B：高温》

（4）GB/T 2423.9《电工电子产品环境试验　第2部分：试验方法　试验C：设备用恒定湿热》

（5）GB/T 2423.22《电工电子产品环境试验　第2部分：试验方法　试验N：温度变化》

（6）GB/T 25295—2010《电气设备安全设计导则》

（7）GB 50171—2012《电气装置安装工程盘、柜及二次回路接线施工及验收规范》

（8）GB 50150《电气装置安装工程电气设备交接试验标准》

（9）DL/T 417《电力设备局部放电现场测量导则》

（10）DL/T 506《六氟化硫电气设备中绝缘气体湿度测量方法》

（11）DL/T 595《六氟化硫电气设备气体监督导则》

（12）DL/T 596《电力设备预防性试验规程》

（13）DL/T 663《220kV～500kV电力系统故障动态记录装置检测要求》

（14）DL/T 860.6《变电站通信网络和系统　第6部分：与智能电力设备有关的变电站内通信配置描述语言》

（15）DL/T 1075《保护测控装置技术条件》

（16）DL/T 5137《电测量及电能计量装置设计技术规程》

（17）DL/T 5218《220kV～750kV变电站设计技术规程》

(18) DL/T 5149《220kV～500kV 变电所计算机监控系统设计技术规程》

(19) Q/GDW 213《变电站计算机监控系统工厂验收管理规程》

(20) Q/GDW 214《变电站计算机监控系统现场验收管理规程》

(21) Q/GDW 383《智能变电站技术导则》

(22) Q/GDW 393《110kV (66kV) ～220kV 智能变电站设计规范》

(23) Q/GDW 394《330kV～750kV 智能变电站设计规范》

(24) Q/GDW 410《智能高压设备技术导则》

(25) Q/GDW Z 414《变电站智能化改造技术规范》

(26) Q/GDW 441《智能变电站继电保护技术规范》

(27) IEC 60270《局部放电测量》

(28) Q/GDW 1168《输变电设备状态检修试验规程》

(29)《国家电网有限公司十八项电网重大反事故措施（修订版）》

2.2　主要技术指标

2.2.1　额定值

额定工作交流电源：220V/100V，允许偏差±20%，谐波电压总畸变率不大于 8%。

额定工作直流电源：220V/110V，允许变化范围±20%。

额定交流电压：57.7V/100V/220V，过载能力为额定电压的$\sqrt{3}$倍，波峰系数≥2。

额定交流电流：1A/5A，过载能力为 1.2 倍连续工作的额定电流，波峰系数≥3。

额定频率：50Hz，允许偏差－5%～＋5%。

2.2.2　防雷、接地、抗干扰

2.2.2.1　智能变电站状态监测系统应有防止过电压的保护措施。

2.2.2.2　智能变电站状态监测系统不设单独的接地网，遵照

“一点接地”原则，接地线连接于变电站的主接地网的一个点上。所有铁构件均采用与站内相同规格的接地线就近可靠接地。

2.2.2.3 220V交流电源、通信线路以及接入地网的引入线端应加装过电压限制装置，限制装置参数以符合设备绝缘性能指标为准。

2.2.2.4 状态监测系统的机箱、机柜以及电缆屏蔽层均应可靠接地。状态监测系统各过程层之间、过程层与站控层之间的连接，以及设备通信口之间的连接应有隔离措施。

2.2.2.5 设备安装于无电磁屏蔽房间内，设备自身应满足抗电磁场干扰及静电影响的要求。在发生雷击过电压、操作过电压及一次设备出现短路故障时，设备均不应误动作，所有设备均应满足下列抗干扰要求：

（1）对静电放电抗干扰要求，符合GB/T 17626-4-2 4级。

（2）对辐射电磁场抗干扰要求，符合GB/T 17626-4-3 3级。

（3）对快速瞬变抗干扰要求，符合GB/T 17626-4-4 4级。

（4）对冲击（浪涌）抗干扰要求，符合GB/T 17626-4-5 3级。

（5）对电磁感应的传导抗干扰要求，符合GB/T 17626-4-6 3级。

（6）对工频电磁场抗干扰要求，符合GB/T 17626-4-8 4级。

（7）对脉冲电磁场抗干扰要求，符合GB/T 17626-4-9 5级。

（8）对阻尼振荡磁场抗干扰要求，符合GB/T 17626-4-10 5级。

（9）对振荡波抗干扰要求，符合GB/T 17626-4-12 2级（信号端口）。

2.2.3 存储容量

按照国家电网公司规范要求，保存60天的监测数据、日统计数据以及最近两个月的月统计数据和事件，也可根据用户要求，存储更多的数据。

2.2.4 通信功能

2.2.4.1 系统通信

状态监测系统的信息交互应遵循DL/T 860标准。

（1）与远方监控中心主站通信。

数据处理服务器向远方监控中心发送设备状态数据及响应召唤请求。

状态监测系统所采集的状态信息应满足远方监控中心系统对信息内容、精度、实时性和可靠性等的要求。

状态监测系统的信息传送应满足远方监控中心系统有关传输方式、通信规约及接口的要求，应遵循 DL/T 860 标准实现信息交互，并通过综合数据网实现与远方监控中心的状态监测主站实现通信。

数据传输采用数据单向流通的方式，实现实时上传状态监测采集数据、实时上传状态监测综合分析结果数据。

(2) 与过程层各监测单元通信。

状态监测信息的传送应满足系统有关传输方式、通信规约及接口的要求，应遵循 DL/T 860 标准实现信息交互。

状态监测系统应负责实现全站各状态监测 IED 的集成工作，收集处理各设备状态检测信息和运行工况信息。

(3) 与变电站监控系统的通信。

数据处理服务器遵循 DL/T 860 标准实现与变电站监控系统的信息交互和互动。

2.2.4.2 通信方式

可根据需求选择无线通信方式（4G 或 5G）和以太网通信方式，作为与状态接入控制器（CAC）通信的通道，提供 1 个 RS 232 串口作为维护通道，并提供 1 个 RS 485 串口作为就地通信接口。

(1) 无线通信。

1) 采用运行稳定可靠的工业级的无线通信芯片，模块化设计，具备独立 SIM 卡仓位。

2) 具备自动附着网络功能，在通信链路出现异常时能自动重新连接网络，恢复链路，每次建链时间应不大于 60s。在连续 3 次连接网络失败后，自动对无线通信模块单独断电复位。

3) 支持时刻在线，设备加电自动上线并保持。

4) 按月统计远程无线通信的接收数据流量和发送数据流量，并保存最近 3 个月的流量数据。

(2) 以太网口通信。

提供以太网接口，支持跨网关的以太网络通信，接口模块宜安装在表壳上或与表壳一体化设计，支持热插拔。

（3）串口通信。

RS 485 和 RS 232 串口波特率可在 1200pbs、2400pbs、4800pbs、9600pbs 内选择。

2.2.5 使用环境条件

（1）海拔：≤1000m。

（2）环境温度：−10～+45℃（户内）；−25～+40℃（户外）。

（3）最大日温差：25℃。

（4）最大相对湿度：95%（日平均）；90%（月平均）。

（5）大气压力：86～106kPa。

（6）抗震能力：水平加速度 0.30g，垂直加速度 0.15g。

（7）安装环境：室内安装时，应为无屏蔽、无抗静电措施的房间，室内设有空调；室外安装时，需满足室外不同环境条件的要求。

2.3 设计说明

2.3.1 设计对象和适用范围

本设计主要针对 220～500kV 变电站站内一次设备在线监测装置，35～110kV 变电站试点工程也适用。设计应根据具体工程条件，从中选用适合的配置方案作为变电站变压器、HGIS/GIS、避雷器、断路器、容性设备等配置方案。

监测范围：变压器、HGIS/GIS、避雷器、断路器、容性设备等。

状态监测参量：主变压器应包含油中溶解气体，宜包含铁芯电流监测；500kV、220kV HGIS/GIS 应包含局部放电（预留供日常检测使用的超高频传感器及测试接口）；220kV 及以上电压等级金属氧化物避雷器应包含泄漏电流、放电次数，宜包含阻性电流；66kV 及以上的断路器宜包含断路器机械特性；容性设备宜包含电流互感器、电压互感器、变压器套管、变压器铁芯的绝缘状况。

2.3.1.1　传感器配置原则

每台主变压器配置1套油中溶解气体采集装置和铁芯电流监测装置。

组合电器局部放电传感器以断路器为单位进行配置，每相断路器配置1只传感器。

避雷器泄漏电流、阻性电流传感器以避雷器为单位进行配置，每台避雷器配置1只传感器。

断路器机械特性传感器以断路器为单位进行配置，三相联动的每台配置1只传感器；分相操作的每相配置1只传感器。

容性设备传感器以相应的监测对象为单位进行配置，每相配置1只传感器。

传感器可采用内置或外置方式安装，对于预埋在设备内部的传感器，其设计寿命不小于被监测设备的使用寿命。

2.3.1.2　状态监测IED配置方案

按电压等级和设备种类进行配置，多间隔、多参量共用状态监测IED，状态监测IED就地布置于各间隔智能控制柜。

（1）变压器的状态监测IED可根据工程需要采集油色谱（H_2、CO、CH_4、C_2H_4、C_2H_2、C_2H_6、H_2O、CO_2）、变压器套管、铁芯接地电流等工况信息，并应能实现实时采集、设备异常报警、事件顺序记录和诊断功能。

（2）断路器的状态监测IED可根据工程需要采集机械、导电、操作电流等工况信息，并应能实现实时采集、设备异常报警、事件顺序记录和诊断功能。

（3）HGIS/GIS的状态监测IED可根据工程需要采集SF_6密度及微水、局部放电等工况信息，并应能实现实时采集、设备异常报警、事件顺序记录和诊断功能。

（4）避雷器的状态监测IED可根据工程需要采集泄漏电流、阻性电流、容性电流、雷击时间和动作次数等工况信息，并应能实现实时采集、设备异常报警、事件顺序记录和诊断功能，同时应具备泄漏电流及雷击动作次数就地可视化功能。

（5）容性设备监测 IED 采集绝缘工况信息，并应能实现实时采集、设备异常报警、事件顺序记录和诊断功能。

2.3.2 传感器安装方式

局部放电传感器宜采用内置方式安装；油中溶解气体传感装置导油管宜利用主变压器原有放油口进行安装，采用油泵强制循环，保证油样无死区。

若传感器采用内置方式安装，内置传感器采用无源型或仅内置无源部分，内置传感器与外部的联络通道应符合高压设备的密封要求，内置传感器在设备制造时应与设备本体一体化设计。

若传感器采用外置方式安装，外置传感器应安装于地电位处；若需安装于高压部分，其绝缘水平应符合或高于高压设备的相应要求。与高压设备内部气体、液体绝缘介质相通的外部传感器，其密封性能、机械杂质含量控制等应符合高压设备的相应要求。

2.3.3 线缆选择和敷设

2.3.3.1 变电站状态监测系统的弱电信号或控制回路宜选用专用的阻燃型铠装屏蔽电缆，电缆屏蔽层的型式宜为铜带屏蔽。电缆截面应符合以下要求：

（1）模拟量及脉冲量弱电信号输入回路电缆应选用对绞屏蔽电缆，芯线截面由厂家提供或不小于 2.5mm^2。

（2）开关量信号输入电缆可选用外部总屏蔽电缆，输入回路芯线截面由厂家提供或不小于 1.5mm^2。

2.3.3.2 变电站状态监测系统的户外通信介质应选用光缆。光缆芯数应满足状态监测系统通信要求，并留有备用芯，传输速率应满足状态监测系统实时性要求。光端设备应具有光缆检测故障及告警功能。当采用铠装光缆时，应对其抗扰性能进行测试。

2.3.3.3 光缆宜与其他电缆分层敷设。

2.3.3.4 弱电回路电缆应尽可能避开高压母线和故障电流入地点，并尽量减少与高压母线平行路径的长度。

2.3.4　安装工艺要求

（1）落地安装时需要制作基础，基础形式为钢筋混凝土基础。
（2）支架安装时，箱体明装，安装高度不宜低于1.5m。

2.3.5　接线说明

装置应按照端子排接线图正确接线，安装螺钉应保证电源线与装置接线端子良好接触。

无线天线伸出柜体，固定在信号较强的地点，而且远离高压线。

2.3.6　端子排布置

设备及端子排的布置，应保证各套装置的独立性，在一套装置检修时不影响其他任何一套装置的正常运行。

端子排的布置规定：端子排由制造厂负责布置，外部端子排按不同功能进行划分，端子排布置应考虑各插件的位置，避免接线相互交叉。可按下列方式分组布置端子排，交流电流输入、交流电压输入、输入回路、输出回路、直流强电、交流强电。

2.4　技术方案及设计图

2.4.1　主变压器

2.4.1.1　油中溶解气体在线监测

主变压器油中溶解气体在线监测装置集控制、测量分析技术于一体，分为油气分离，混合气体分离，数据分析处理，远程传输控制四大部分，可连续监测变压器油中溶解的氢气（H_2）、一氧化碳（CO）、二氧化碳（CO_2）、甲烷（CH_4）、乙烯（C_2H_4）、乙炔（C_2H_2）、乙烷（C_2H_6）等七种气体组分及总烃的含量、各组分的相对增长率以及绝对增长速度。

在线监测装置工作原理：在线监测装置有强制油循环功能，能保证对变压器中的流动油实时取样。变压器中的油通过强制循环装置进入油气分离装置，通过高效的真空油气分离装置将变压器油中的特征气体完全分离，被分离的气体进入检测系统，通过色谱柱传感器，将气体浓度值转换成相应的电信号。采样控制系统采用进口PLC，具有质量稳定、性能可靠、稳定运行等特点。传感器的电信号通过高精度 A/D 转换器，转换成数字信号储存、传输。检测的数据以数字格式，由通信电缆将数据传送到智能控制器自动分析。专用的 RS485 通信模块，采用光耦完全隔离，系统与传输线路光隔离，避免电流回路损坏系统。信号端具有浪涌保护器，避免信号线路遭遇意外浪涌电流对系统造成损坏和干扰。

主变压器油中溶解气体在线监测装置就地控制柜安装在主变压器旁，监测 IED 组屏安装在二次设备室，安装接线图如图 2-1、2-2 所示，主变压器油中溶解气体在线监测设备材料表如表 2-1 所示。

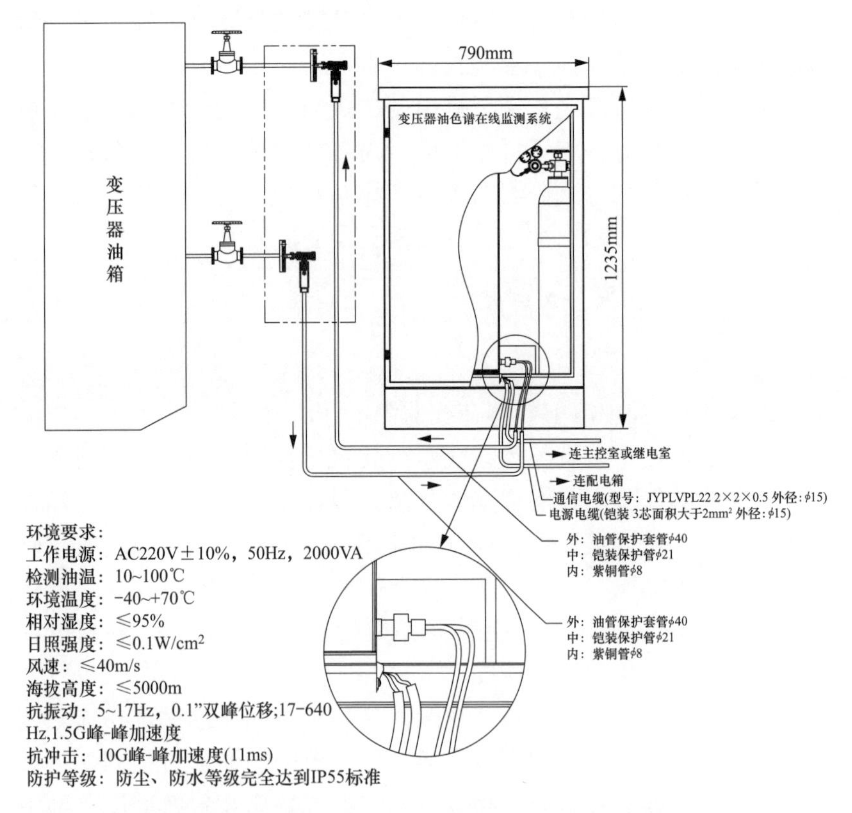

图 2-1　主变压器油中溶解气体在线监测安装接线图

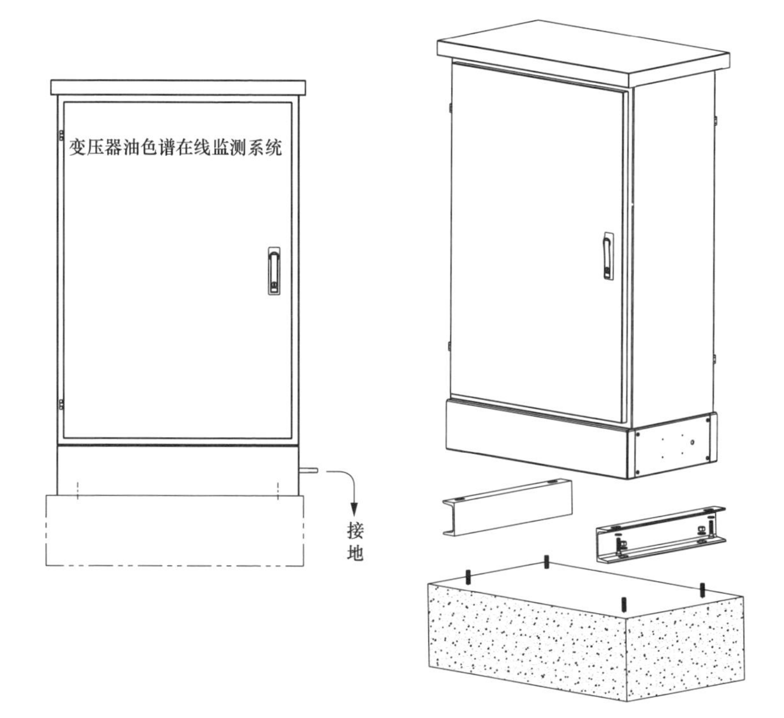

图 2-2　主变压器油中溶解气体在线监测就地控制柜安装图

表 2-1　　主变压器油中溶解气体在线监测设备材料表

序号	名称	单位	数量	备注
1	就地控制柜	面	1	
2	在线监测控制屏	面	1	
3	铜管		若干	
4	电源线		若干	
5	屏蔽双绞线		若干	

2.4.1.2　主变压器铁芯接地电流在线监测

变压器铁芯接地电流在线监测系统主要应用于变电站对运行中的变压器铁芯两点或多点接地电流的监测与保护，可测量变压器铁芯接地的电流值。

变压器铁芯接地电流在线监测系统可测量最大电流值为 10A，并可显示最大电流值及出现最大电流的时间，便于及时掌握变压器的工作状态。

在线监测传感器安装在铁芯接地线上，监测 IED 一般与油中溶解气体监测装置组屏安装在二次设备室，变压器铁芯接地电流在线监测设备材料表如表 2-2 所示。

表 2-2　　变压器铁芯接地电流在线监测设备材料表

序号	名称	单位	数量	备注
1	传感器	个	1	
2	在线监测 IED	台	1	
3	屏蔽双绞线		若干	

2.4.2　HGIS/GIS

采用特高频局放检测技术对 500kV HGIS 设备以及 220kV GIS 设备进行局放检测，通过在绝缘盆子浇注孔处加装特高频传感器（UHF 传感器）对设备进行检测，发现内部放电信号，并对放电部位进行定位。

在线监测传感器外置式一般安装在 HGIS/GIS 的绝缘盆子浇注孔上面或绝缘盆子上其他无金属屏蔽部分，内置式则安装在 HGIS/GIS 气室的内部，监测 IED 组屏安装在二次设备室。其中一台半断路器接线的 500kV HGIS 按每一组架空出线套管处配置 1 组传感器，500kV HGIS 传感器点位布置图如图 2-3 所示，500kV HGIS 局部放电在线监测设备材料表如表 2-3 所示。220kV GIS 按出线间隔在断路器和主母线侧各配置 1 组传感器，母线设备间隔在母线侧配置 1 组传感器，分段及母联间隔在两端的母线侧各配置 1 组传感器，220kV GIS 传感器点位布置图如图 2-4 所示，220kV GIS 局部放电在线监测设备材料表如表 2-4 所示。

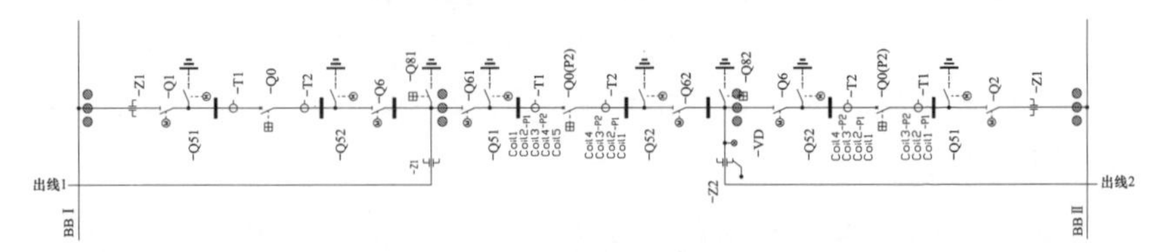

图 2-3　500kV HGIS 传感器点位布置图

表 2-3　　500kV HGIS 局部放电在线监测设备材料表

序号	名称	单位	数量	备注
1	传感器（完整串）	个	12	
2	传感器（不完整串）	个	9	
3	在线监测 IED（每台可监测 9 处）	台	若干	
4	屏蔽双绞线或者光缆		若干	

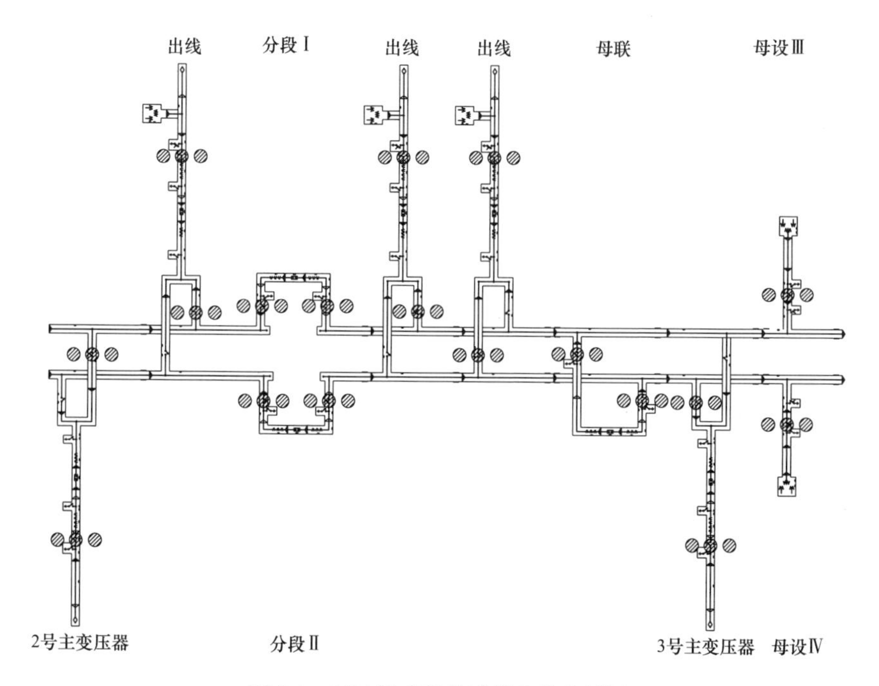

图 2-4　220kV GIS 传感器点位布置图

表 2-4　　220kV GIS 局部放电在线监测设备材料表

序号	名称	单位	数量	备注
1	传感器（线路及主变压器间隔）	个	6	
2	传感器（母联及分段）	个	6	
3	传感器（母线设备间隔）	个	3	
4	在线监测 IED（每台可监测 9 处）	台	若干	
5	屏蔽双绞线或者光缆		若干	

2.4.3 断路器

断路器在线监测针对间隔内的断路器设备参数进行监测，监测传感器安装在就地端子箱内，监测断路器分、合闸线圈电流，储能电机电流和主触头开关状态等参数。电源从端子箱中的辅助电源处取电，智能分析终端和传感器之间通过无线通信，将数据收集后上传到数据管理平台中。

在线监测传感器安装在机构箱内的分合闸线圈，储能电机的控制电缆上，优先安装在内端子排侧的电缆上，监测 IED 安装在二次设备室。断路器在线监测控制回路接线示意图如图 2-5 所示，图 2-6 表示传感器的安装位置（图中圆圈）与控制电缆的关系，断路器在线监测设备材料表如表 2-5 所示。

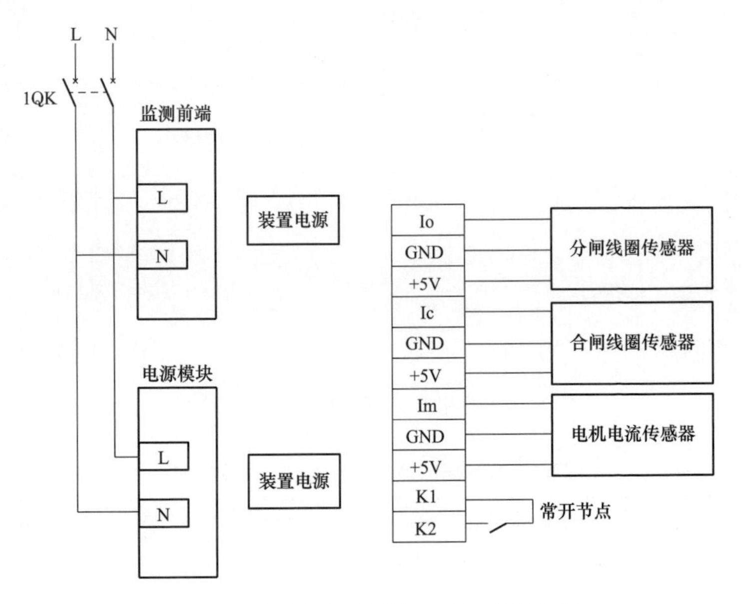

图 2-5　断路器在线监测控制回路接线示意图

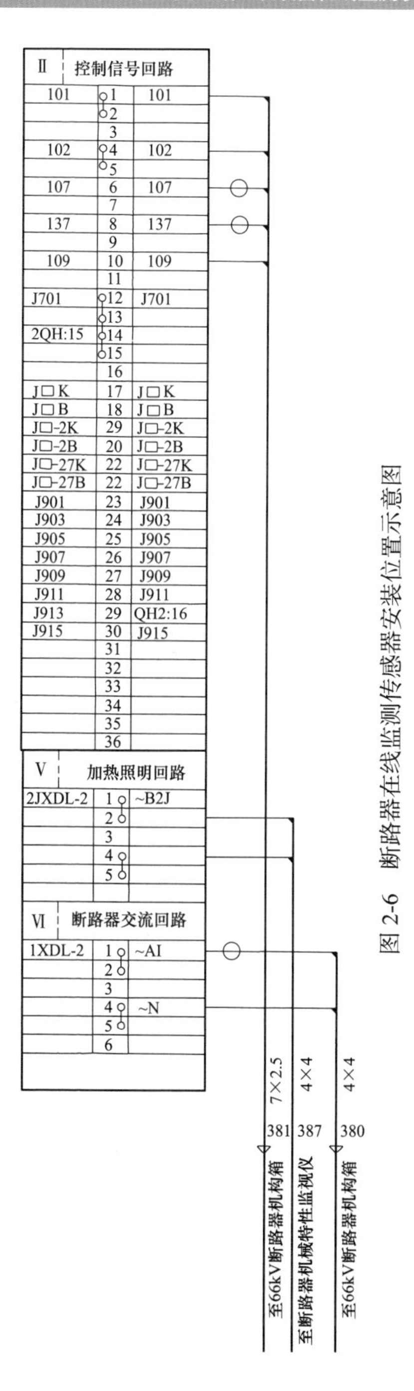

图 2-6　断路器在线监测传感器安装位置示意图

表 2-5　　断路器在线监测设备材料表

序号	名称	单位	数量	备注
1	传感器	个	3	
2	在线监测 IED（每台可监测 9 处）	台	1	
3	屏蔽双绞线或者光缆		若干	

2.4.4　避雷器

避雷器在线监测主要用于实时监测高压交流无间隙避雷器在运行电压下的全电流（泄漏电流和阻性电流），放电动作的日期、时间及放电动作累计次数，电流检测采用单匝一次穿芯电流传感器，实现全隔离的取样方式，将测量结果用总线进行数字传输。

在线监测传感器安装在避雷器接地端，监测 IED 安装在二次设备室。避雷器的全电流经在线监测装置采集后经光缆传输至避雷器在线监测主 IED，主 IED 将数据分析处理后上传至综合应用服务器。避雷器在线监测接线示意图及传感器安装图分别如图 2-7、图 2-8 所示，避雷器在线监测设备材料表如表 2-6 所示。

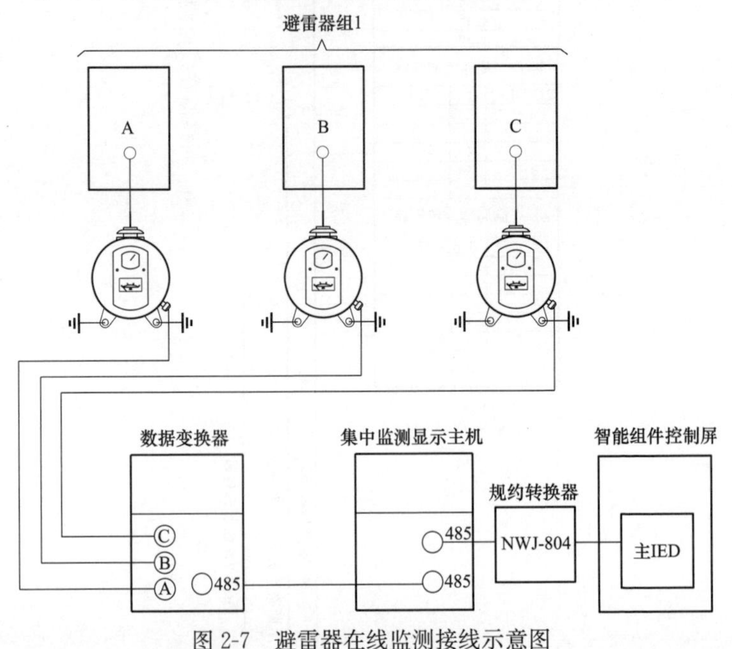

图 2-7　避雷器在线监测接线示意图

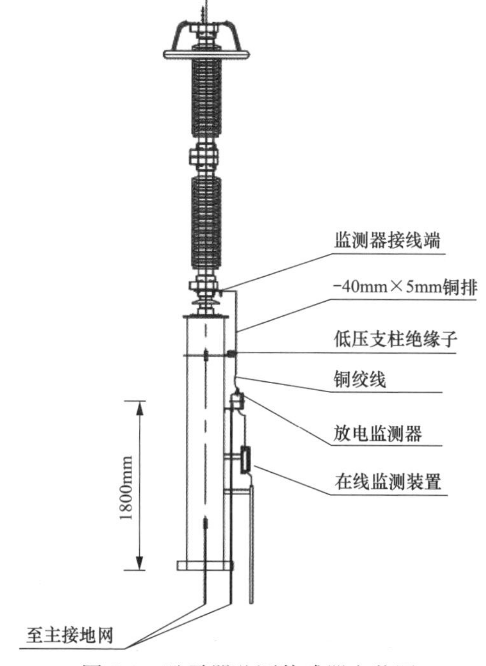

图 2-8　避雷器监测传感器安装图

表 2-6　避雷器在线监测设备材料表

序号	名称	单位	数量	备注
1	传感器	个/台	1	
2	在线监测 IED（每台可监测 9 处）	台	1	
3	屏蔽双绞线或者光缆		若干	

2.4.5　容性设备

智能变电站容性设备包括电流互感器、电压互感器、氧化锌避雷器，对互感器主要监测方式是使用穿芯式零磁通传感器对末屏电流进行测量，计算介质损耗和等值电容。对避雷器在接地线上安装穿芯式零磁通电流互感器，可监测泄漏电流、阻性电流、等值电容。

在线监测传感器安装在容性设备末屏处，监测 IED 安装在二次设备室。容性设备传感器将采集的信号传输至本地测量单元，本地测量单元汇集后传输至主 IED。容性设备在线监测电流信号取样方式如图 2-9 所示，容性设备在线监测设备材料表如表 2-7 所示。

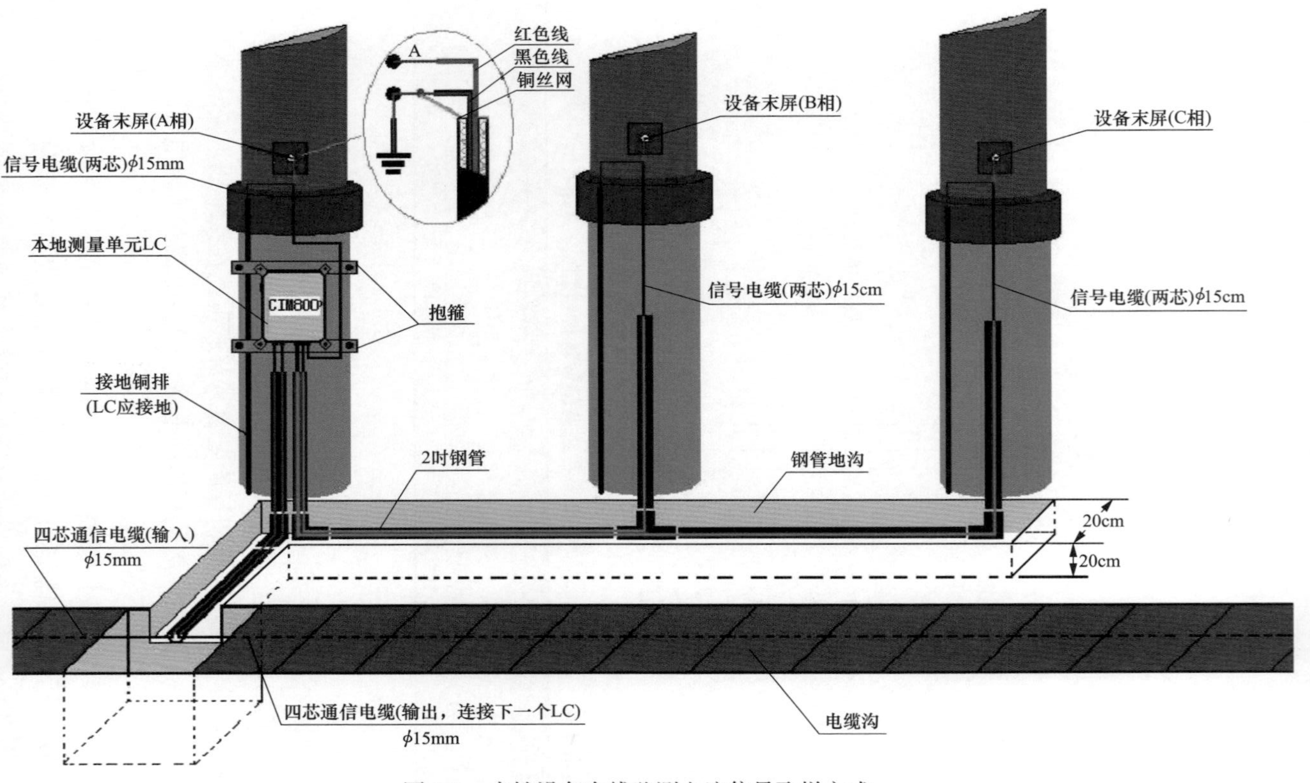

图 2-9 容性设备在线监测电流信号取样方式

表 2-7　　容性设备在线监测设备材料表

序号	名称	单位	数量	备注
1	传感器	个/台	1	
2	在线监测 IED（每台可监测 9 处）	台	1	
3	屏蔽双绞线或者光缆		若干	

2.5　网络结构

2.5.1　系统网络结构图

以国网天津市电力公司为例，输变电设备在线监测装置网络结构图如图 2-10 所示。

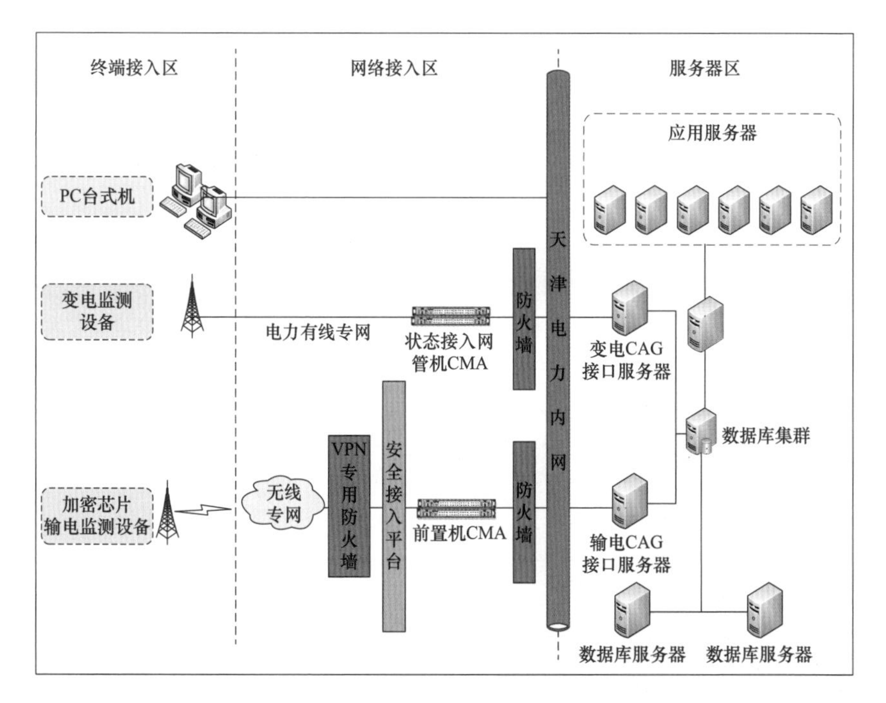

图 2-10　输变电设备在线监测装置网络结构图

2.5.2 在线监测装置新增设备操作流程

变电设备在线监测装置设备台账录入操作流程如下。

（1）新建设备变更申请单。

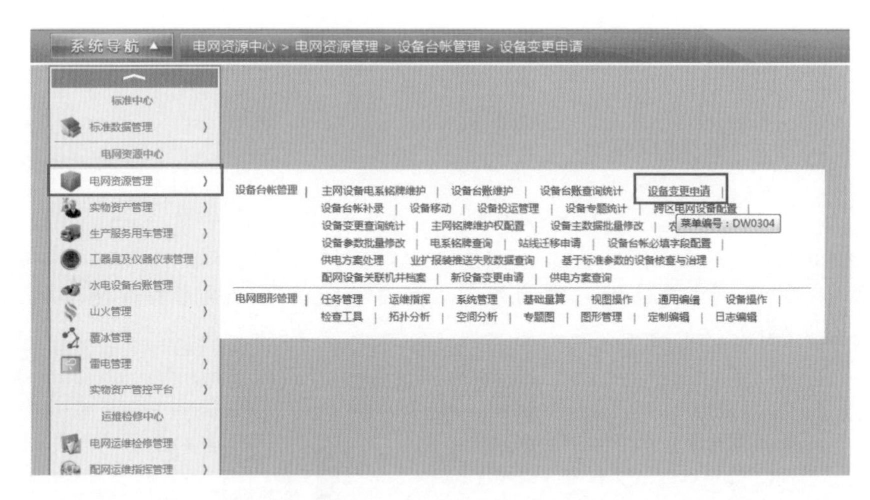

（2）填写申请单必填项，“变更申请类型”中请选择“设备新增”。

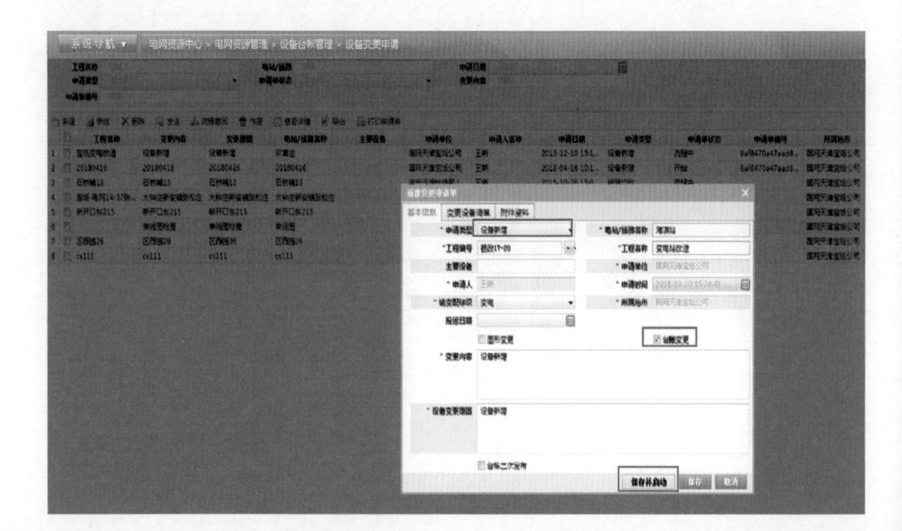

(3) 下发给班组长进行审核，审核通过后，下发给班员进行设备台账维护：点击“台账维护”按钮，进入台账维护界面。

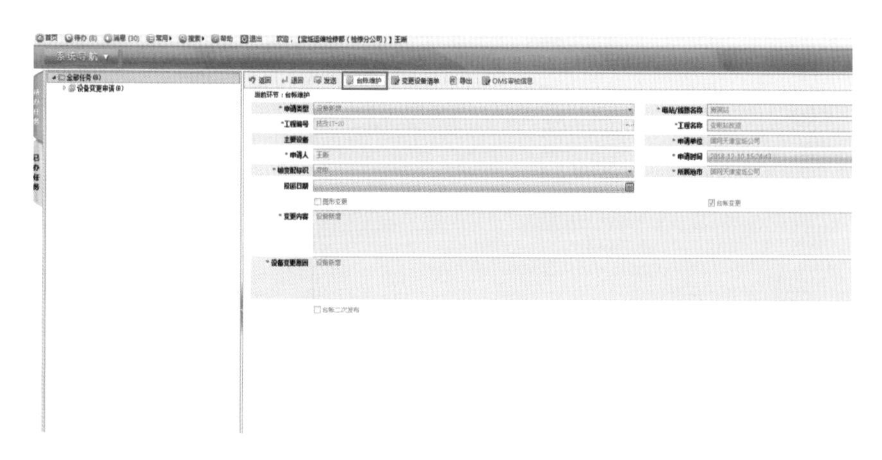

(4) 选择需要新建变电设备在线监测装置的变电站，选择“变电设备在线监测装置”文件夹，点击右上方功能栏的“新建”按钮，弹出新建对话框，根据实际业务进行填写即可，填写完毕后，点击“保存”按钮。

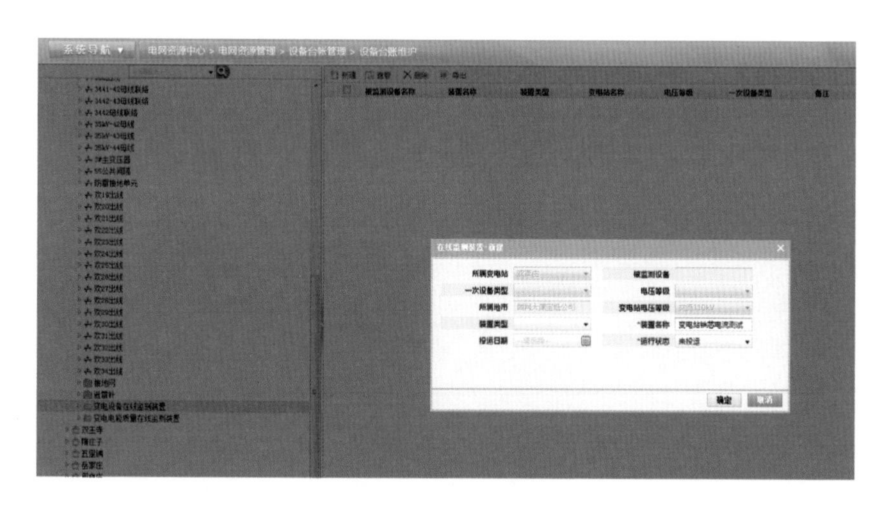

(5) 生成变电设备在线监测装置设备台账。将相关信息填写完毕后，点击“保存”按钮。设备台账新建完毕。

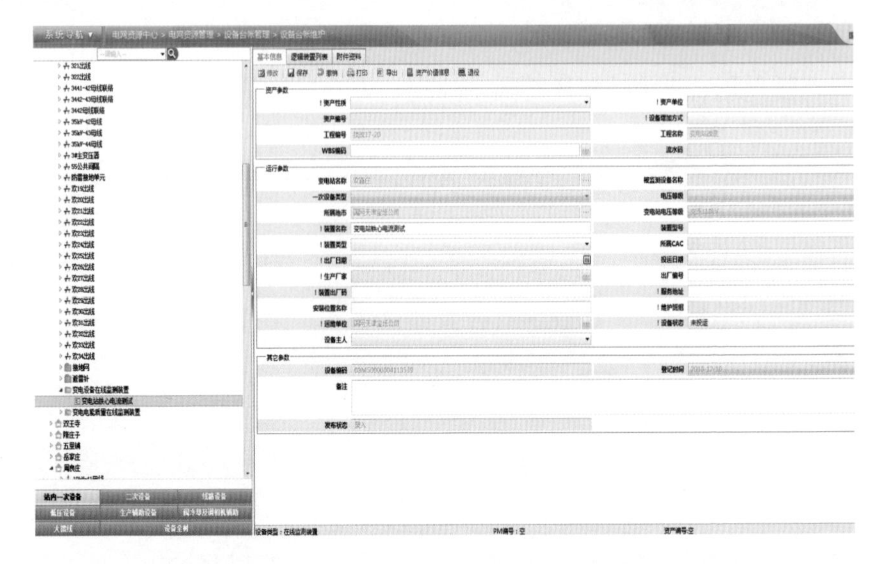

（6）返回到待办任务，将任务发送至运检审核，待运检审核通过后，结束流程，该台账新建完毕。

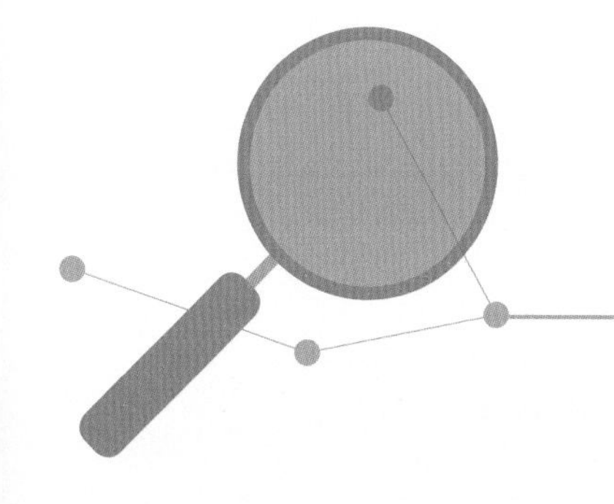

第三章

电压监测仪典型设计

3.1 主要涉及的标准、规程规范

下列设计标准、规程规范中凡是注明日期的引用文件，其随后所有的修改单或修订版均不适用于本典型设计，凡是不注明日期的引用文件，其最新版本适用于本典型设计。

产品的设计除遵循电气、机械、电磁兼容等的通用标准外，还应严格执行下列相关标准。

（1）《中华人民共和国电力法》

（2）《供电监管办法》

（3）GB/T 13983《仪器仪表基本术语》

（4）DL/T 500《电压监测仪使用技术条件》

（5）Q/GDW 1819《电压监测装置技术规范》

（6）Q/GDW 1817《电压监测仪检验规范》

（7）GB/T 17215.211《交流电测量设备通用要求、试验和试验条件　第11部分：测量设备》

（8）GB/T 16935.1《低压系统内设备的绝缘配合　第1部分：原理、要求和试验》

（9）《国家电网公司供电电压自动采集系统概要设计》

（10）《国家电网公司供电电压管理规定》

3.2 主要技术指标

3.2.1 监测电压与工作电源

3.2.1.1 监测电压

监测电压额定值一般取交流 $100/\sqrt{3}$、100、220V 或 380V，监测电压范围见表 3-1。

监测的系统标称电压为 220、380V 时，监测电压直接接入电压监测仪；监测的系统标称电压大于 1kV 时，从电压互感器二次侧接入，监测电压为 $100/\sqrt{3}$V 或 100V。

表 3-1　　　　　　　　监测电压范围　　　　　　　　单位：V

监测电压额定值	监测电压范围	
	下限	上限
$100/\sqrt{3}$	45	75
100	60	130
220	99	286
380	171	494

3.2.1.2　工作电源

（1）工作电源取自监测电压，允许电压波动范围同监测电压范围；

（2）额定频率为 50Hz，允许偏差不超过±5%；

（3）电压正弦波形总畸变率不超过 5%。

3.2.2　准确度

3.2.2.1　正常工作条件

在正常使用条件下，在对应的温度类别的上限温度和下限温度之间，0.5 级电压监测仪应保证以下准确度要求：

（1）在监测电压测量范围内，基本测量误差不超过±0.5%；

（2）在监测电压测量范围内，综合测量误差 r_c 不超过±0.5%；

（3）整定电压值的上限值和下限值基本误差 r_z 不超过±0.5%；

（4）内部时钟误差每天不超过±1s 或每年不超过±5min。

3.2.2.2　极限工作条件

电压监测仪在极限工作条件下，上、下限温度应能正常操作，允许其测量误差不大于±1%。

3.2.3　存储功能

3.2.3.1　监测统计功能

电压监测仪应具备表 3-2 所述监测统计功能。

表 3-2　　　　监测统计功能要求

<table>
<tr><th colspan="2">数据项</th><th>监测统计要求</th><th>备注</th></tr>
<tr><td colspan="2">U_i</td><td>对监测电压的有效值采样，基本测量时间窗口为 10 周波，并且每个测量时间窗口与紧邻的测量时间窗口连续无间隙而不重叠</td><td>保留两位小数</td></tr>
<tr><td colspan="2">U_{1s}</td><td>作为预处理值贮存，取该秒内 5 个 U_i 的均方根值</td><td>保留两位小数</td></tr>
<tr><td colspan="2">U_{1min}</td><td>以 1min 作为一个统计单元，取 0s 时刻开始的 1min 内 U_{1s}的均方根值，不足 1min 的值不进行统计计算</td><td>保留两位小数</td></tr>
<tr><td rowspan="4">日、月电压监测统计数据</td><td>时间统计</td><td>总运行统计时间、合格累计时间、超上限累计时间、超下限累计时间</td><td>单位为 min</td></tr>
<tr><td>合格率统计</td><td>电压合格率、电压超上限率、电压超下限率</td><td>保留两位小数</td></tr>
<tr><td>极值统计</td><td>电压最大值及其发生时刻、电压最小值及其发生时刻</td><td>极值为两位小数，发生时刻精确到 min</td></tr>
<tr><td>平均值统计</td><td>电压算术平均值</td><td>保留两位小数</td></tr>
<tr><td colspan="2">电压监测仪工作状态信息</td><td>前一次复位后连续工作时间、自投运以来总运行时间</td><td>单位为 h</td></tr>
</table>

注　1. 日、月电压监测统计数据是在工作电压允许波动范围内，根据 U_{1min}及监测电压额定值、整定电压上限值和整定电压下限值来统计。
2. 月统计数据默认自然月为统计周期。可以设置 1 日至 28 日中任意一天为月统计日，月统计时间为月统计日的当日零点起至下月的月统计日当日零点止。

3.2.3.2　存储容量

电压监测仪应存储数据至少包括表 3-3 中内容，且满足存储要求。

表 3-3　　　　数据存储要求

数据项	存储要求	备注
U_{1min}	最近 45 天	存储间隔为 1min
日电压监测统计数据	最近 45 天	
月电压监测统计数据	本月及上月	
事件记录	本月及上月的最近 256 条	电压超上/下限、超上/下限返回、停电、上电等类型
前一次复位后连续工作时间	最近 1 个数据	单位为小时
自投运以来总运行时间	1 个数据	单位为小时

3.2.4　使用环境条件

3.2.4.1　周围空气温度条件

根据安装地点的实际周围空气温度来选择电压监测仪的上限温度和下限温度，分成若干温度类别，每一温度类别均以一斜线隔开的下限温度值和上限温度值表示，按表 3-4 选取。

户内使用优先温度类别为－5℃/＋40℃。

户外使用优先温度类别为－25℃/＋70℃。

表 3-4 中的代码 CX，表示由制造方与用户协商规定的温度范围，可以是任意值，例如－25℃/＋75℃。

表 3-4　　周围环境温度条件分类代码

温度类别	代码	温度范围	极限工作条件
－5/40℃	C1	－5～＋40℃	－20～＋60℃
－10/50℃	C2	－10～＋50℃	－20～＋60℃
－25/70℃	C3	－25～＋70℃	－30～＋75℃
－40/70℃	C4	－40～＋70℃	－45～＋75℃
其他	CX	制造方与采购方协商规定	制造方与采购方协商规定

3.2.4.2　其他环境条件

应符合 GB/T 17215.211《交流电测量设备通用要求、试验和试验条件　第 11 部分：测量设备》中的相关规定。

如装置安装场地超过海拔 2000m 时，应根据 GB/T 16935.1《低压系统内设备的绝缘配合　第 1 部分：原理、要求和试验》规定的修正系数修正部分参数，或与采购方协商规定部分参数。

如果存在任何一种特殊使用条件，由制造方与采购方达成专门协议。

3.2.5　信息安全防护

由于电压监测仪存在搭接、伪造等接入电力信息网的安全风险，应采用部署安全加密卡、安全协议等多种措施开展防护，具体要求如表 3-5 所示。

表 3-5　　电压监测仪信息安全防护要求

控制措施	控制措施实现方式
安全接入	（1）电压监测仪应采用国家密码管理局认可的支持 SM1、SM2 算法的工业级安全加密卡； （2）应具备采用安全协议实现与主站安全接入平台的安全接入功能； （3）电压监测仪应支持标准 X.509 格式的数字证书，能够与公司安全接入平台实现身份认证和数字签名等功能，私钥由安全加密卡产生和存储，保证电压监测仪安全
用户权限	电压监测仪应只允许身份验证正确的用户访问被授权访问的资源，或只有具有授权的用户才能发出访问请求。权限的设置应基于最小权限原则，至少应具备以下三类用户： （1）普通用户：进行装置配置/数据等的查看操作； （2）操作用户：进行装置配置/升级等系统配置操作； （3）审计用户：查看并操作装置审计日志，审计用户应唯一，可采用远程查看方式
用户认证	电压监测仪应具备用户身份验证方法，以支持其提供的所有服务的访问管理和使用控制功能。 （1）应支持用户名和口令的用户验证方式。无论是本地的通过控制面板、带测试功能通信/诊断接口或远程的通过网络，所有对电压监测仪的访问都应当使用唯一的用户名和口令组合进行认证； （2）电压监测仪用户认证功能应对口令的最小长度及复杂度进行控制，保证口令强度。对于配置软件登录等网络登录，口令应使用不少于 8 位字符，并由大小写字母和数字组成； （3）当电压监测仪会话在管理员定义的一段时间内都不活动时，监测终端应锁定会话。会话锁定应一直保持到重新登录
安全管理	（1）进行操作系统远程管理维护时，应以电压监测仪接入方式（如 RDP、SSH、Pcanywhere）、网络地址范围等条件限制装置的登录； （2）进行远程管理维护时，应采用安全的网络管理方式进行管理操作（如 SSH）； （3）电压监测仪应能对正在使用的配置软件进行认证，保证是用户授权的软件。未授权的配置软件禁止访问电压监测仪的任何功能
安全审计	（1）电压监测仪应能产生和存储安全性事件和重要业务事件的审计信息。审计记录的事件类型至少包括以下类型事件： 1）访问配置：将配置文件从监测终端下载到外部设备中（例如计算机）； 2）配置更改：在监测装置中传入新配置或者通过键盘输入新配置参数，使监测装置的配置发生改变； 3）创建新的用户名/口令或者修改账户权限； 4）删除用户名/口令； 5）访问审计记录：用户查看日志或将日志保存在外部设备或存储空间（计算机、U 盘、光盘）；

续表

控制措施	控制措施实现方式
安全审计	6）用户修改时间和日期； 7）对系统进行升级操作； 8）警报事故：非授权行为警报。报警行为宜包括但不限于以下内容：单次登录中，连续多次输错口令；由于断电、按下重启按钮、修改上电顺序或配置修改导致的监测终端重启；企图使用非法的配置软件访问监测终端； （2）电压监测仪的审计记录应具备可用于事件追溯的基本信息。审计记录内容应包括以下内容： 1）事件的日期和时间； 2）发生事件的组件（例如：文件、数据、定值）； 3）用户/主体的 ID； 4）操作内容； 5）该事件的结果（成功或失败）； （3）电压监测仪应在审计记录产生时添加基于系统时间的时间戳； （4）电压监测仪应保护审计信息和审计功能不被非授权访问、修改和删除，并支持审计记录容量的管理策略（例如覆盖旧的审计记录和停止生成审计记录）； （5）电压监测仪或从事审计功能的组件应在审计失败时向适当的负责人员告警。审计失败包括：软件/硬件错误，审计生成中的错误，审计存储容量满载或超容等
完整性保护	（1）电压监测仪应采用国密算法对传输和存储的数据进行完整性保护； （2）可执行代码、应用配置和操作系统配置可以在升级、调试等过程中被修改，在常规业务操作中不能被修改； （3）应对应用输入和程序配置信息进行检查，保证输入值的合理性，语法的完整性、有效性和正确性
抗攻击	（1）电压监测仪应具备关闭不使用的或不在访问控制范围内的通信服务端口及物理端口的功能； （2）电压监测仪监测终端应具备以下网络攻击防御能力： 1）应具备机制防止报文重放攻击； 2）电压监测仪应能够抵御一定的数据泛洪攻击，保证重要业务功能的通信； 3）电压监测仪应能够容忍针对通信协议的模糊攻击； 4）当电压监测仪通信请求增加到可以认为是拒绝服务攻击时，宜能够发出警报； 5）电压监测仪的支撑系统应不存在明显可被利用的安全漏洞； （3）电压监测仪应具备系统配置文件、业务配置文件、用户文件的备份功能，并可通过备份文件进行装置的恢复
保密性	（1）电压监测仪应对传输过程中的数据进行加密传输，对于已接入安全接入平台的，应通过安全接入平台实现数据的传输加密，加密算法宜采用国密算法； （2）电压监测仪应对本地存储的重要和敏感数据进行加密存储，包括但不限于已采集到的数据、管理数据等，加密算法宜采用国密算法

3.3 设计说明

3.3.1 电压监测仪配置原则

电压监测仪典型设计主要考虑在低压配电网中安装，主要用于监测 0.4kV 及以下电压等级的台区首端或末端用户的电压。

首端用户可选配电台区土建站内、箱式站内，架空台区或其他靠近首端用户的适宜位置。

末端用户可选高层配电间、电缆配电箱内空余位置、用户外壁或临近墙体、居民用电表箱、商业用户电能计量屏柜或其他靠近末端用户的适宜位置。

电压监测仪设置方案见图 3-1。

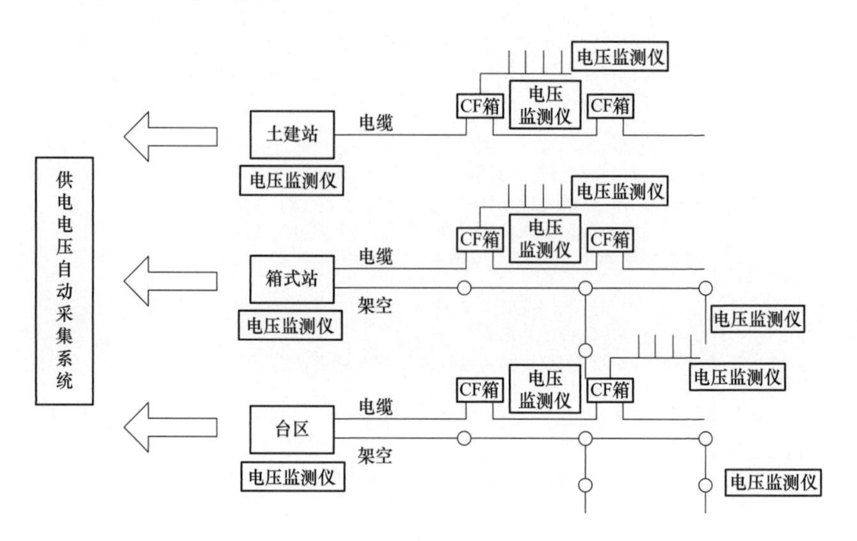

图 3-1 电压监测仪设置方案

3.3.2 线缆选型

线缆可采用阻燃屏蔽电缆 ZR-KVVP2-450/750-4×2.5 或与其同等截面电缆。穿管敷设，保护管选用 ϕ25 波纹蛇皮管（或者 PVC 管）并具备阻燃功能。

3.3.3　装置尺寸

装置为挂装式，塑壳表箱参考尺寸高、宽、深尺寸分别为450mm、250mm、120mm。电压监测仪尺寸高、宽、深不大于280mm、180mm、85mm。

3.3.4　过电压保护及接地

电压监测仪设置于用户侧商业计量装置或居民集中表箱位置时，电压监测仪箱体内宜设置空气开关，带剩余电流保护。

电压监测仪设置于配电站点内时与站点共用接地网，接地线与室内水平接地体连接，位于负荷侧商业计量装置或居民集中表箱处时应独立设置保护接地，工频接地电阻小于等于10Ω。

3.3.5　检验的要求

（1）电压监测仪必须通过验收检验合格后，方可进行现场安装。

（2）周期检验的时间要求：现场使用中的电压监测仪检验周期参照Q/GDW 1817《国家电网有限公司电压监测仪检验规范》要求，在50 000h内，电压监测仪执行故障检修；在50 000h后，电压监测仪执行周期试验，周期试验的间隔为3年。

3.3.6　新型D类电压监测仪调试

（1）接线。

根据说明书和设备接线盒标注，正确牢固接线。

（2）插卡。

先记录下SIM卡号与设备相关编码，把电话卡插入通信模块卡槽锁紧，检查天线与设备连接处是否拧紧。

（3）电压等级设置。

根据设备说明书核对、修改监测电压等级与上下限。

220V上、下限为+7%，−10%或235.4V，198V。

380V上、下限为+7%，−7%或406.6V，353.4V。

（4）开启所需软开关并正确设置各项参数配置。

确保各自动上传软开关开启，正确设置其他各项参数配置。

（5）通信编码核对。

在设备显示已接入主站后，核实设备通信编码，确保与系统后台一致，否则数据无法上传。

3.4 技术方案及设计图

3.4.1 安装方案及安装设计图

（1）安装在配电变压器副杆上。

低压台区首端电压监测仪安装可选用此种方式，根据不同杆型选择不同抱箍，安装图见图 3-2，材料表见表 3-6。

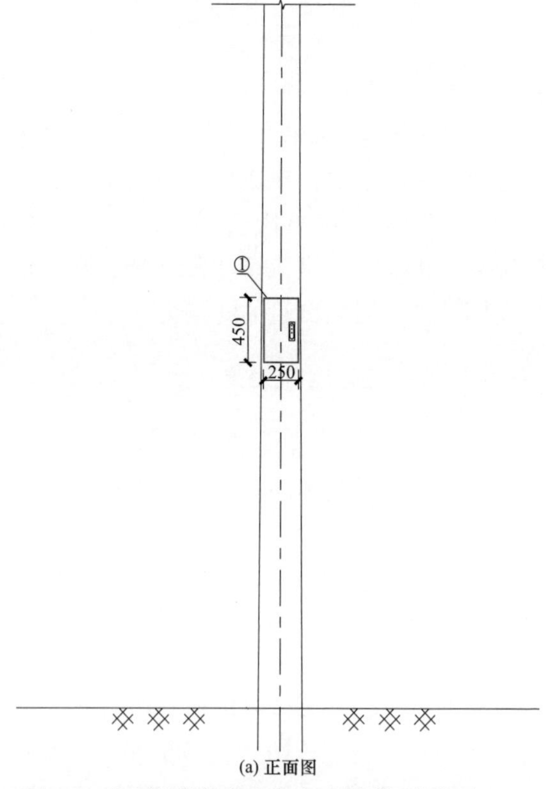

图 3-2 电压监测仪在配电变压器副杆安装图（一）

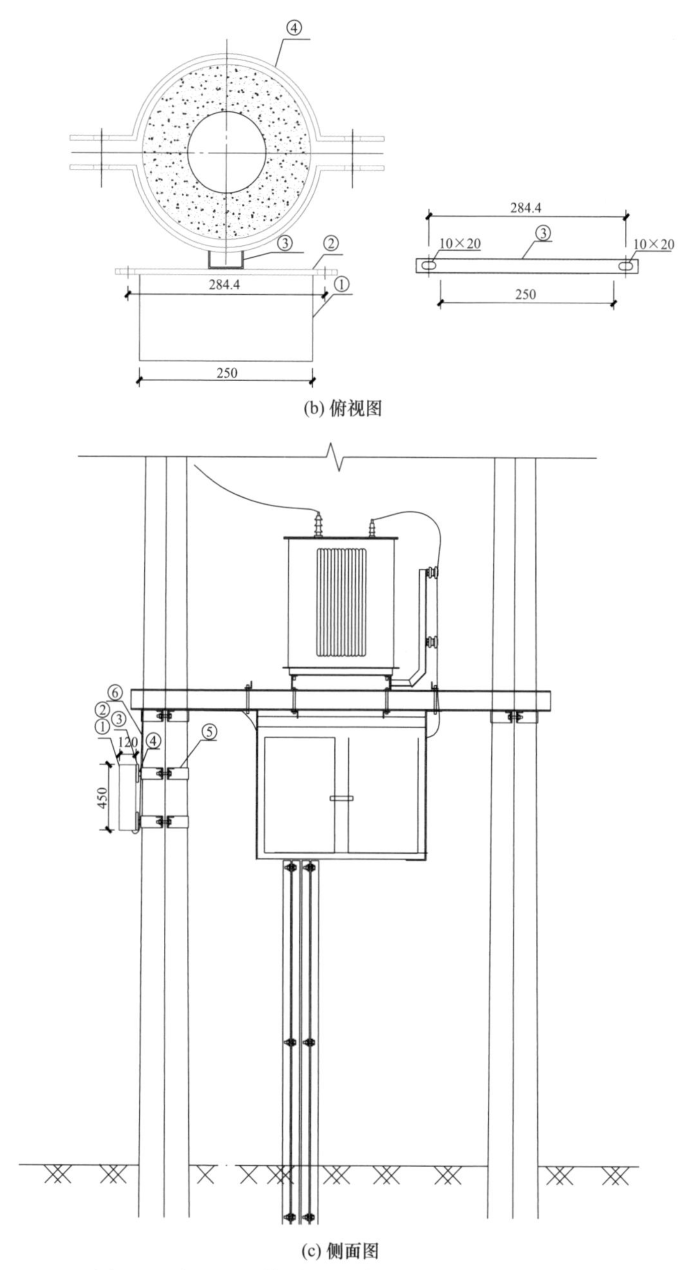

(b) 俯视图

(c) 侧面图

图 3-2 电压监测仪在配电变压器副杆安装图（二）

表 3-6　　电压监测仪安装在配电变压器副杆主材料表

序号	设备名称	型号及规范	单位	数量	备注
1	电压监测仪		台	1	
2	电压监测仪壳体		个	1	
3	扁钢	6mm×60mm×320mm	个	2	
4	槽钢	5#	个	2	
5	半圆抱箍		个	2	
	10m 杆	BG8-240			
	12m 杆	BG8-280			
	15m 杆	BG8-320			
6	表箱接线	ZR-KVVP2-450/750-4×2.5	m	4	
7	保护管	ϕ25 波纹蛇皮管	m	4	
8	铜端子		个	按需	
9	空气开关	32A	个	1	

（2）安装在箱式站、土建站内。

电压监测仪可安装在箱式站低压侧配电屏、配电室低压受总柜仪表盘上空余适合位置，安装图见图 3-3，主要材料表见表 3-7。

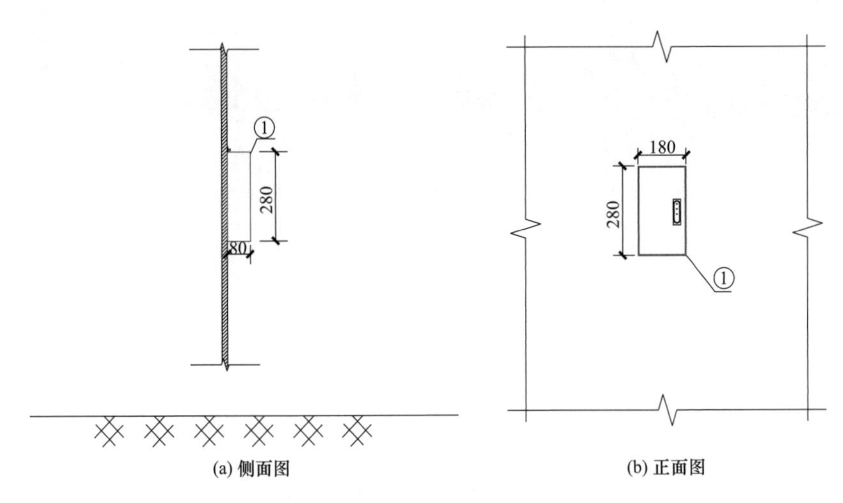

图 3-3　电压监测仪安装在箱式站、土建站安装图

表 3-7　　电压监测仪安装在箱式站、土建站主材料表

序号	设备名称	规格	单位	数量	备注
1	电压监测仪		台	1	
2	表箱接线	ZR-KVVP2/-450/750-4×2.5	m	4	
3	保护管	ϕ25 波纹蛇皮管	m	4	
4	铜端子		个	按需	
5	空气开关	32A	个	1	

（3）安装在电缆分支箱（CF 箱）内。

电压监测仪可选择在电缆分支箱内合适位置进行安装，安装图见图 3-4，主要材料见表 3-8。

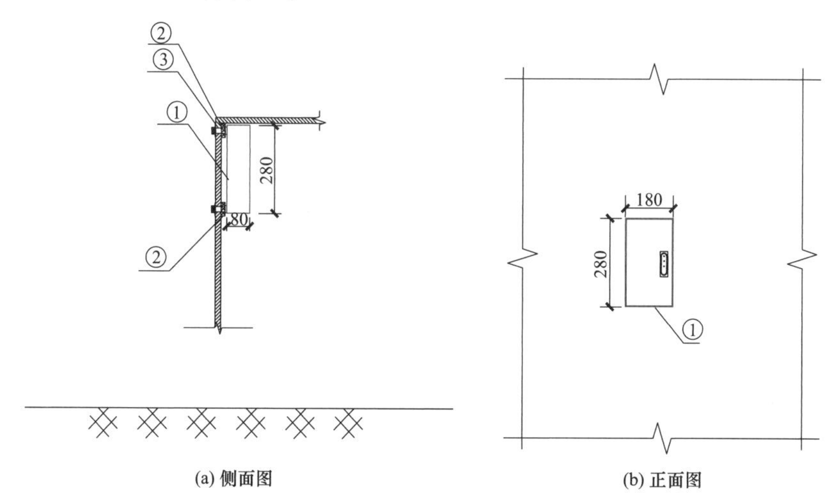

图 3-4　电压监测仪安装在电缆分支箱内安装图

表 3-8　　电压监测仪安装在电缆分支箱内主材料表

序号	设备名称	规格	单位	数量	备注
1	电压监测仪		台	1	
2	弹簧垫圈		个	4	
3	螺栓	M8×75mm	个	4	
4	表箱接线	BVR-2×2.5	m	2	
5	保护管	ϕ25PVC 管	m	2	
6	铜端子		个	15	
7	空气开关	32A	个	1	选配

注　安装时根据电压监测仪箱体实际尺寸变化进行调整；空气开关根据电缆分支箱内空间和运行需求选择配置。

（4）安装在墙上。

电压监测仪可安装在靠近用户计量表附近的墙体上，安装图见图 3-5，主要材料表见表 3-9。

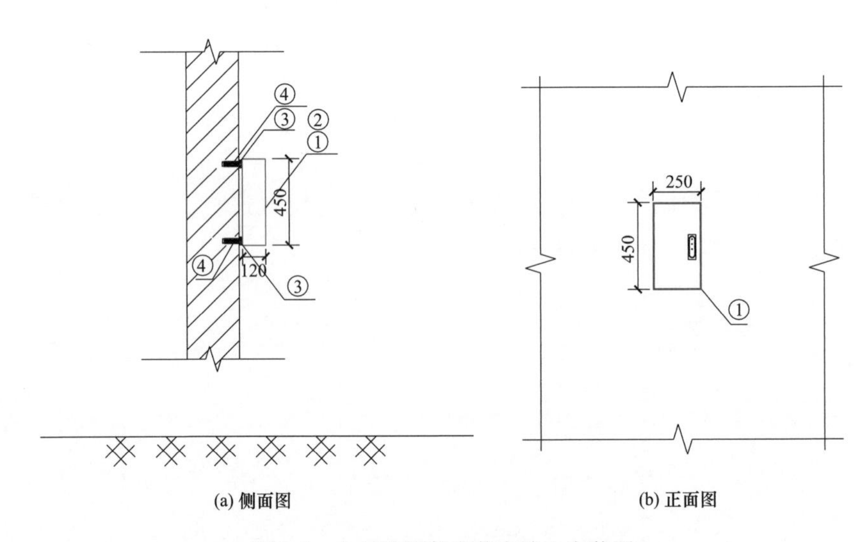

图 3-5　电压监测仪安装在墙上安装图

表 3-9　　电压监测仪安装在墙上主材料表

序号	设备名称	规格	单位	数量	备注
1	电压监测仪		台	1	
2	电压监测仪壳体		个	1	
3	弹簧垫圈		个	4	
4	螺栓	M8×75mm	个	4	
5	表箱接线	ZR-KVVP2-450/750-4×2.5	m	4	
6	保护管	ϕ25 波纹蛇皮管	m	4	
7	铜端子		个	按需	
8	空气开关	32A	个	1	选配

（5）安装在低压出线架空杆上。

台区末端电压监测仪可采用此种安装方式，安装图见图 3-6，主要材料表见表 3-10。

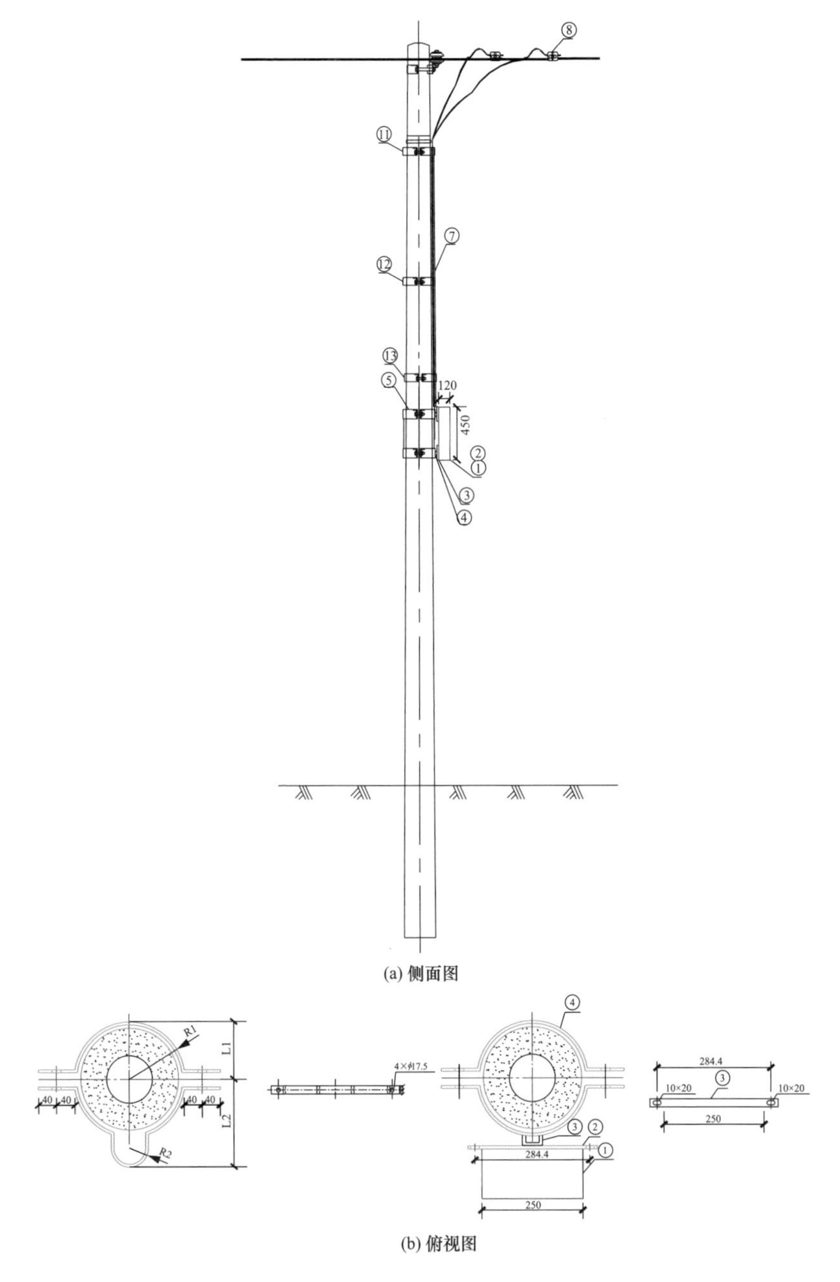

图 3-6　电压监测仪安装在低压出线架空杆上安装图

表 3-10　　电压监测仪安装在低压出线架空杆上主材料表

序号	设备名称	规格				单位	数量	备注
1	电压监测仪					台	1	
2	电压监测仪壳体					个	1	
3	扁钢	6mm×60mm×320mm				个	2	
4	槽钢	5#				个	2	
5	半圆抱箍					个	2	
	10m 杆	BG8-240						
	12m 杆	BG8-280						
	15m 杆	BG8-320						
6	表箱接线	ZR-KVVP2-450/750-4×2.5				m	8	
7	保护管	ϕ25 波纹蛇皮管				m	8	
8	并沟线夹	戴绝缘套				个	2	
9	铜端子					个	按需	
10	空气开关	32A				个	1	
11	10m 杆	L1	L2	R1	R2			
	对箍	453	541	100	30	mm	1	
	对箍	469	557	105	30	mm	1	
	对箍	500	588	115	30	mm	1	
12	12m 杆							
	对箍	453	541	100	30	mm	1	
	对箍	485	573	110	30	mm	1	
	对箍	554	642	132	30	mm	1	

注　安装时根据电压监测仪箱体实际尺寸变化进行调整。

3.4.2　安装工艺要求

（1）安装固定。

1）安装在土建站、箱式站或现有计量屏柜中，使用计量屏柜空余位置，配空气开关。

2）安装在表箱内，配空气开关。

3）电压监测仪安装于箱式站内及 CF 箱内，当箱体为非金属材质时，天线可安装于箱体内任意安全位置；当箱体材质为金属时，天线可安放于箱体透气孔（散热孔）附近，无法避免信号屏蔽的箱体可于箱站及 CF 箱壳体适宜位置打孔将天线引出。

4）注意保证装置垂直悬挂，优先选用箱体内可采用的固定点悬挂装置，无合适固定点时，可采用胶或螺钉固定悬挂点。当用螺钉固定，且螺钉部分暴露在箱体外时，挂钩与挂钩螺钉要求接地良好。

（2）安装高度要求。

1）安装在杆上时，高度与配电综合箱等高，一般位于距地面 3m 处。

2）安装在墙面上时，高度不宜低于 1.5m。

3）安装在箱式站和土建站内时，考虑安装和维护需求安全净距对地宜大于 1.5m；

4）安装在电缆分支箱内时，距地面高度应大于 0.6m。

（3）接线说明。

电压监测仪与母线连接时采用铜端子，与导线连接端采用 C 型或 T 型线夹，当采用 T 型线夹时线缆经铜端子与线夹连接，导体和线夹裸露处采用半重叠法缠绕聚四氟乙烯两道。

装置应按照端子盖内附有的端子接线图正确接线，安装螺钉，应保证电源线与装置接线端子良好接触。无线天线应伸出柜体，固定在信号较强的地点，而且远离高压线。电压监测仪安装示意如图 3-7 所示。

3.4.3　电压监测仪运行标识牌内容

电压监测仪配备表箱的宜贴于表箱正面；未配备表箱的宜贴于电压监测仪正面。标识牌标准尺寸可选 80mm×50mm，电压监测仪标识牌如图 3-8 所示。

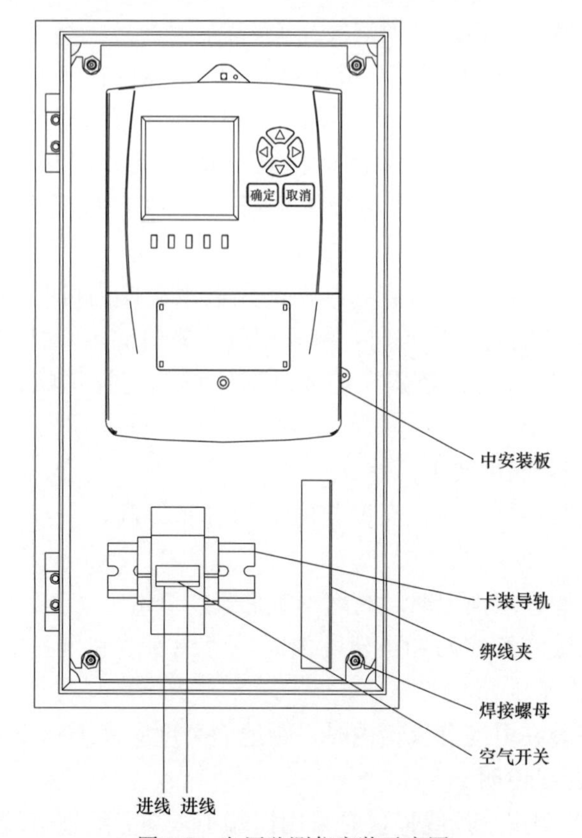

图 3-7 电压监测仪安装示意图

监测点名称：
SIM卡号：
运维联系人：
联系电话：

图 3-8 电压监测仪标识牌

3.5 供电电压自动采集系统

3.5.1 系统关联关系

供电电压自动采集系统以模块形式嵌入设备（资产）运维精益

管理系统 PMS2.0 中，A 类监测点数据由调度管理系统推送，B、C 类监测点数据由用电信息采集系统推送，供电电压自动采集系统关联关系如图 3-9 所示。

图 3-9 PMS2.0 供电电压自动采集系统关联关系图

3.5.2 主站信息系统图

供电电压自动采集系统主站信息系统图如图 3-10 所示。

3.5.3 网络结构图

以国网天津市电力公司为例，供电电压自动采集系统网络结构如图 3-11 所示。

3.5.4 电压监测仪参数设置

以国网天津市电力公司为例，电压监测仪参数设置如表 3-11 所示。

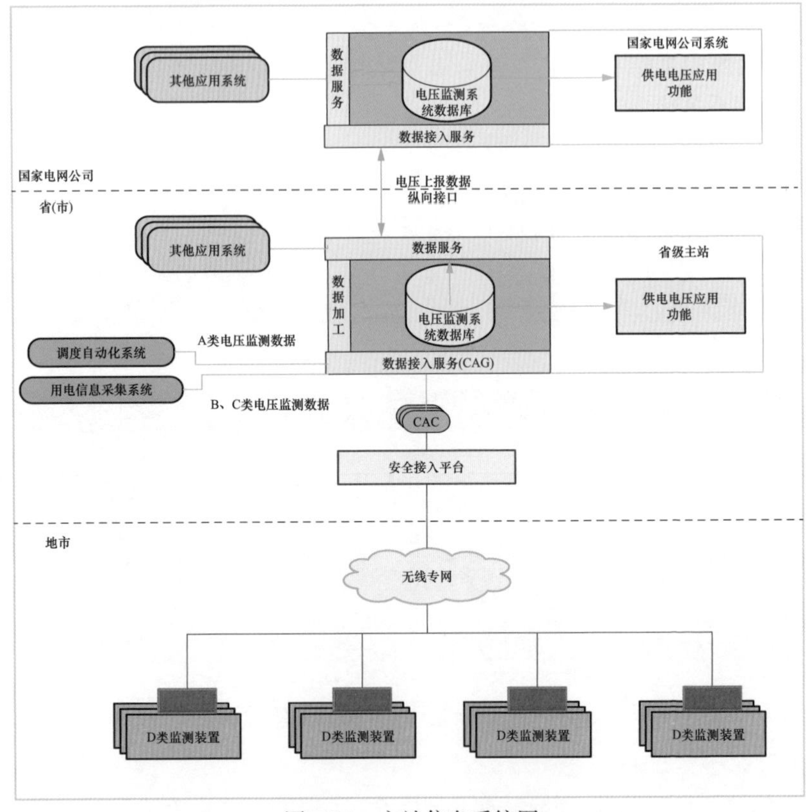

图 3-10 主站信息系统图

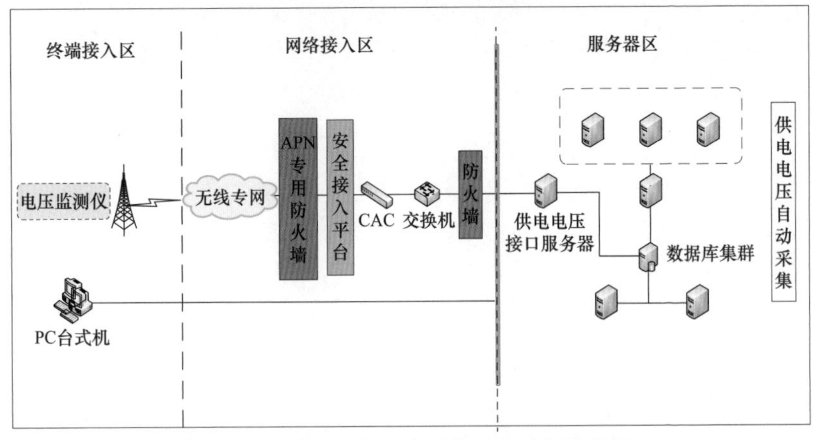

图 3-11 供电电压自动采集系统网络结构图

表 3-11 电压监测仪参数设置表（天津地区）

序号	名称	参数项
1	通信方式	GPRS 或 4G、5G（SIM）
2	主站 IP 地址	192.168.＊＊.＊＊＊
3	主站端口号	安全接入平台对应 CAC 的端口号
4	主站 APN	HDYCJ.TJ
5	终端心跳周期	10min
6	月结算日	1 日
7	各类上送信息	是

3.5.5 新装置台账的维护及测点关联操作流程

3.5.5.1 新装置台账的维护

（1）用账号登录到 PMS2.0 系统。

（2）进入监督评价中心→供电电压→监测点管理→装置台账，如图 3-12 所示。

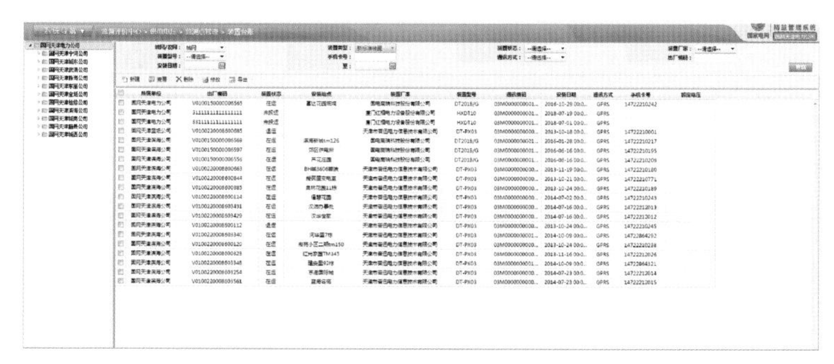

图 3-12 装置台账新建页面图

（3）点击“新建”按钮，在弹出的对话框中填写装置台账的基本信息，然后点击“保存”，会出现“新建装置成功!”的提示，点击确定即可。标注＊项的为必填项，特别注意非标注＊项的尽量也填写完整，如“经度”“纬度”，以方便在 GIS 管理中展示该点，如图 3-13 和图 3-14 所示。

（4）新装置创建完成以后在“装置台账”页面即可看到刚刚新建的装置台账，默认是未投运状态，完成测点台账和装置台账关联以后，装置状态会自动变成“在运”状态，如图 3-15 所示。

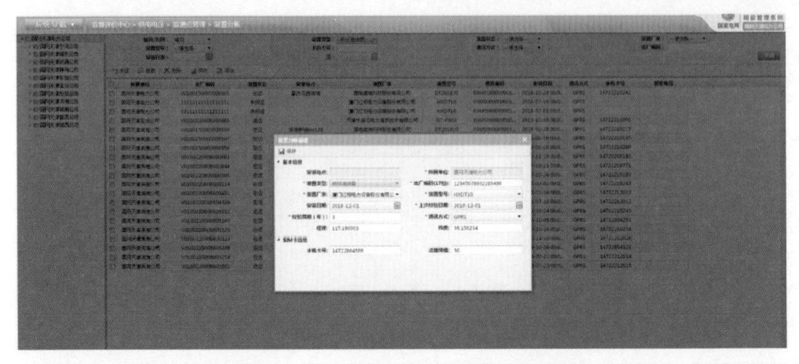

图 3-13　装置台账新建信息图

图 3-14　新建装置成功图

图 3-15　新建装置页面图

3.5.5.2　测点关联新装置操作

（1）新装置台账创建完成以后，进入监督评价中心→供电电压→监测点管理→装置台账，找到要更换装置的测点台账，首先选中该测点，然后点击“变更装置”按钮，会弹出一个变更装置对话框，如图 3-16 所示。

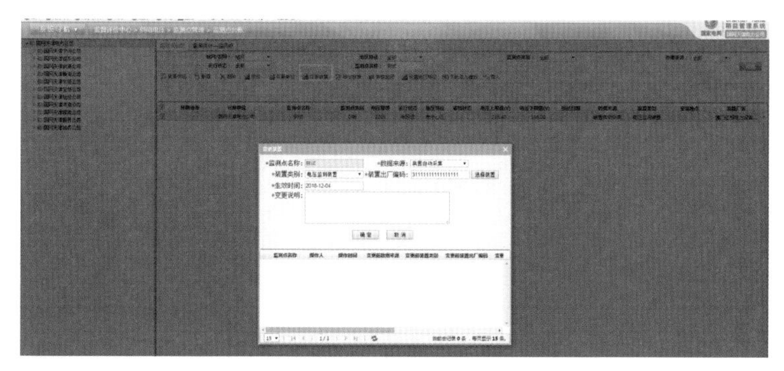

图 3-16　变更装置页面图

（2）在变更装置对话框中，数据来源修改成“装置自动采集”，装置类别选“电压监测装置”，然后点击“选择装置”按钮，如图 3-17 所示。

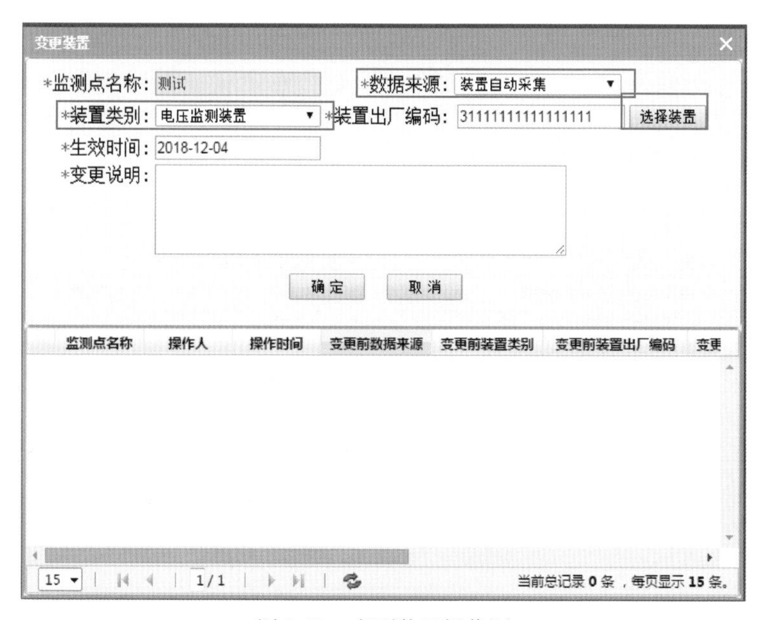

图 3-17　变更装置操作图

（3）点击“选择装置”按钮以后会再次弹出一个对话框，在新对话框里通过装置类型、装置状态、装置厂家、出厂编码等条件进行过滤，找到测点对应的装置（如果此处发现新装置漏建了，可以

点击“新建装置”，后续操作和新建装置第三部的操作一样），选中以后点击确定，如图 3-18 所示。

图 3-18 装置选择页面图

（4）点击确定以后，系统会返回到变更装置对话框，此时“装置出厂编码”会自动提取过来，在变更装置对话框中填写生效时间、变更说明，点击确定，确定以后会出现是否变更装置的提醒框，点击确定，如图 3-19 和图 3-20 所示。

图 3-19 装置选择确定页面图

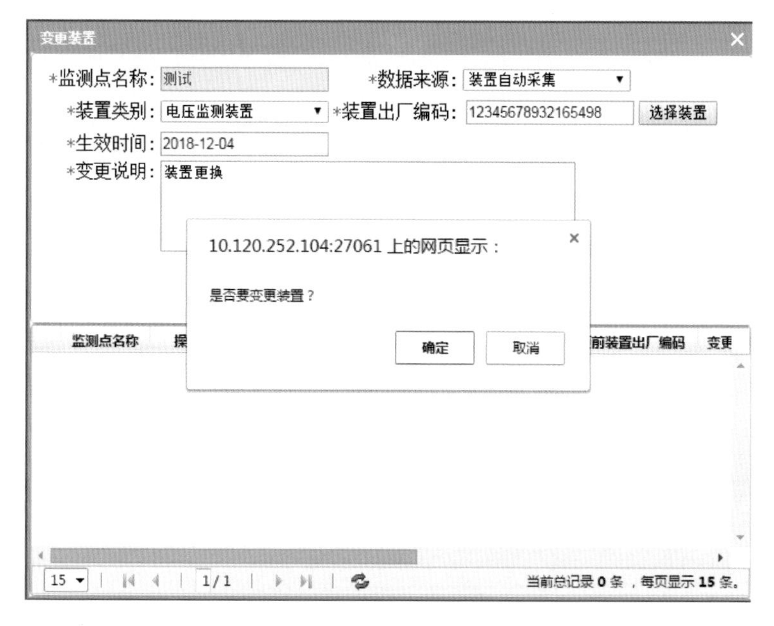

图 3-20　变更装置确定页面图

（5）装置变更操作完成以后，选中该测点，点击 查看详细 图标，可以查看变更以后的装置信息，如图 3-21 所示。

图 3-21　变更后监测点及装置信息图

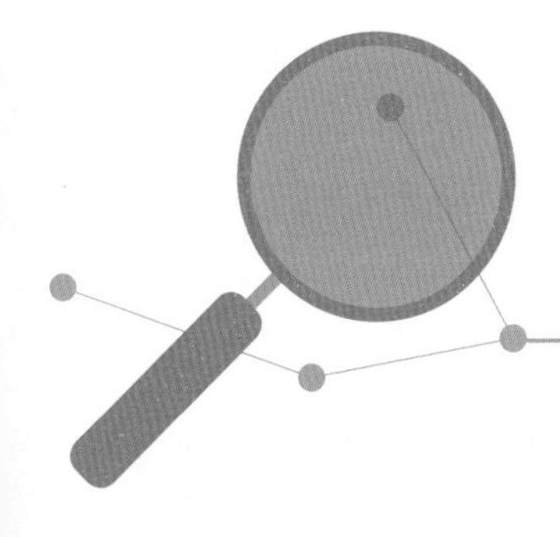

第四章

电能质量在线监测装置典型设计

4.1 主要涉及的标准、规程规范

下列设计标准、规程规范中凡是注明日期的引用文件，其随后所有的修改单或修订版均不适用于本典型设计，凡是不注明日期的引用文件，其最新版本适用于本典型设计。

产品的设计除遵循电气、机械、电磁兼容等的通用标准外，还应严格执行下列相关标准执行。

（1）《中华人民共和国电力法》

（2）《供电监管办法》

（3）GB/T 13983《仪器仪表基本术语》

（4）DL/T 1194—2012《电能质量术语》

（5）GB/T 14549—1993《电能质量公用电网谐波》

（6）GB/T 24337—2009《电能质量公用电网间谐波》

（7）GB/T 12326—2008《电能质量电压波动和闪变》

（8）GB/T 15543—2008《电能质量三相电压不平衡》

（9）GB/T 12325—2008《电能质量供电电压偏差》

（10）GB/T 15945—2008《电能质量电力系统频率偏差》

（11）GB/T 30137—2013《电能质量电压暂降和短时中断》

（12）GB/T 25295—2010《电气设备安全设计导则》

（13）GB 50171—2012《电气装置安装工程盘、柜及二次回路结线施工及验收规范》

（14）DL/T 860《变电站通信网络和系统系列标准》

（15）DL/T 1075—2016《数字式保护测控装置通用技术条件》

（16）DL/T 5137—2001《电测量及电能计量装置设计技术规定》

（17）Q/GDW 1650.1—2014《电能质量监测技术规范　第1部分：电能质量监测主站》

（18）Q/GDW 10650.2—2017《电能质量监测技术规范　第2部分：电能质量监测装置》

（19）Q/GDW 1650.3—2014《电能质量监测技术规范　第3部分：监测终端与主站间通信协议》

(20) Q/GDW 1650.4—2016《电能质量监测技术规范 第4部分：电能质量监测终端检测》

(21) GB/T 35726—2017《并联型有源电能质量治理设备性能检测规程》

(22) DL/T 1053—2017《电能质量技术监督规程》

(23) DL/T 1585—2016《电能质量监测系统运行维护规范》

(24)《国家电网公司电网谐波管理规定》

4.2 主要技术指标

4.2.1 工作电源

4.2.1.1 一般要求

监测装置供电电源可使用直流供电，交流单相供电，也可使用其他供电方式。

4.2.1.2 交流供电的额定值及允许偏差

额定电压：220V，允许偏差－50%～＋30%，电压总谐波畸变率不大于20%；

额定频率：50Hz，允许偏差－6%～＋2%。

4.2.1.3 直流供电的额定值及允许偏差

额定电压：220V/110V，允许偏差－20%～＋20%，纹波系数不大于15%。

4.2.2 准确度

电能质量在线监测装置准确度参数如图表4-1所示。

表4-1 准确度参数

被测量	监测装置级别	测量类型	测量条件	最大误差
电压偏差	A	电压	10%～150%标称电压	±0.1%
	S	电压	20%～120%标称电压	±0.5%
频率偏差	A	频率	42.5Hz～57.5Hz	±0.01Hz
	S	频率		±0.05Hz

续表

被测量	监测装置级别	测量类型	测量条件	最大误差
三相不平衡度	A	电压	0.5%～5%	±0.15%
			5%（不含5%）～40%	±0.3%
	S	电压	1%～5%	±0.2%
			5%（不含5%）～40%	±0.6%
	A和S	电流		±1%
电压波动	A和S	电压		±5%
闪变	A	短时间闪变	P_{st}：0.2～10	±5%
	S	短时间闪变	P_{st}：0.4～4	±10%
谐波和间谐波	A	电压	$U_h \geqslant 1\% U_N$ $U_h < 1\% U_N$	$\pm 5\% U_h$ $\pm 0.05\% U_N$
		电流	$I_h \geqslant 3\% I_N$ $I_h < 3\% I_N$	$\pm 5\% I_h$ $\pm 0.15\% I_N$
		相角		$h \leqslant 5$，$\pm 1° \times h$； $h > 5$，$\pm 5°$
		功率	$P_h \geqslant 150$W $P_h < 150$W	$\pm 1\% P_h$ ±1.5W
	S	电压	$U_h \geqslant 3\% U_N$ $U_h < 3\% U_N$	$\pm 5\% U_h$ $\pm 0.15\% U_N$
		电流	$I_h \geqslant 10\% I_N$ $I_h < 10\% I_N$	$\pm 5\% I_h$ $\pm 0.5\% I_N$
功率	A和S	功率		±0.5%
电流	A和S	电流	$I \geqslant 0.05 I_N$	±0.5%
			$0.01 I_N \leqslant I < 0.05 I_N$	±1%
电压暂降、电压暂升和短时中断 — 电压幅值	A	电压		$\pm 0.2\% U_N$
	S	电压		$\pm 1.0\% U_N$
电压暂降、电压暂升和短时中断 — 持续时间	A	电压		±1周波
	S	时间	使用半波刷新方均根值	±1周波
		时间	使用全波刷新方均根值	±2周波

注 1. U_N：测量仪器的标称电压；I_N：测量仪器的标称电流；U_h 和 I_h：电压和电流测量值，h：谐波次数。

2. 对于A级，通道之间的相位移应小于 $n \times 1°$。

4.2.3 记录存储

监测装置应具有以下记录存储功能，对于多通道监测装置，每

通道均应满足以下记录存储功能要求：

（1）稳态触发波形记录。

（2）运行日志记录。

（3）电能质量事件波形记录，其中事件过程记录波形时间可以调整，此外至少包括事件开始前5个周波和事件结束后5个周波。

（4）电压幅值、电压偏差、三相不平衡度、谐波、间谐波的记录时间间隔为150周波，存储时间间隔为150周波的整数倍。时间标签为每个累积时间间隔结束的时刻。

（5）频率偏差的记录存储时间间隔为10s，短时间闪变的记录存储时间间隔为10min，长时间闪变的记录存储时间间隔为2h。时间标签为每个记录时间间隔结束的时刻。

（6）监测终端存储至少应保存90日（天）的时间间隔为1min的稳态测量数据、50条暂态事件记录以及触发的事件波形记录。

（7）数据存储按先进先出的原则更新。

4.2.4　使用环境条件

监测装置正常运行的环境条件如表4-2所示。

表4-2　　监测装置正常运行的环境条件

场所类型	级别	空气温度		湿度	
		范围（℃）	最大变化率（a℃/h）	相对湿度（b%）	最大绝对湿度（g/m³）
遮蔽	C1	−5～+45	0.5	5～95	29
	C2	−25～55	0.5	10～100	
户外	C3	−40～70	1	10～100	35
协议特定	CX				

注　1. 温度变化率取5min时间内平均值。
2. 相对湿度包括凝露。
3. 除特殊要求外，大气压力为63.0～108.0kPa（海拔4000m及以下）。

4.3　设计说明

4.3.1　数据通信

（1）监测终端的数据通信应满足以下要求：

1）具备以太网接口，可具有 EIA RS 232/485、USB 等接口；

2）宜提供开关量输入和开关量输出接口，用于外部触发记录和越限告警输出；

3）数据通信协议应满足 Q/GDW 1650.3《电能质量监测技术规范　第 3 部分：监测终端与主站间通信协议》的要求。

（2）便携式电能质量分析仪可通过存储卡或以太网、EIA RS 232/485、USB 等接口输出数据。

4.3.2　失电后数据和时钟保持

监测装置应装设硬件时钟电路，监测装置供电电源中断后，应有数据保持措施；失电后，硬件时钟正常工作，数据保持时间不少于 365 天。电源恢复时，保存数据不应丢失，内部时钟正常运行。

4.3.3　安全性能

（1）绝缘强度。

装置能承受有效值为 2kV、频率为 50Hz、历时 1min 的绝缘强度试验，而无击穿和闪络现象。

（2）绝缘电阻。

用开路电压为 500V 的兆欧表测量装置的绝缘电阻值，正常试验大气条件下各等级的各回路绝缘电阻不小于 20MΩ。

（3）冲击电压。

在正常试验大气条件下，装置的电源输入回路、交流输入回路、输出触点回路对地以及回路之间应能承受 1.2/50μs 的标准雷电波的短时冲击电压，开路试验电压 5kV。

（4）耐湿热性能。

装置应能承受 GB/T 2423.9《电工电子产品环境试验　第 2 部分：试验方法试验 Cb：设备用恒定湿热》规定的恒定湿热试验。试验温度 40℃±2℃、相对湿度（93±3）%，试验时间为 48h，在试验结束前 2h 内，用 500V 直流兆欧表，测量各外引带电回路部分外露，非带电金属部分及外壳之间以及电气上无联系的各回路之间的绝缘电阻应不小于 1.5MΩ。

4.3.4　电磁兼容性能

（1）静电放电抗扰度。

通过 GB/T 17626.2—2006《电磁兼容试验和测量技术静电放电抗扰度试验》规定的严酷等级为Ⅳ级的静电放电抗扰度试验。

（2）射频电磁场辐射抗扰度。

通过 GB/T 17626.3—2006《电磁兼容试验和测量技术射频电磁场辐射抗扰度试验》规定的严酷等级为Ⅲ级的射频电磁场辐射抗扰度试验。

（3）快速瞬变脉冲群抗扰度。

通过 GB/T 17626.4—2008《电磁兼容试验和测量技术电快速瞬变脉冲群抗扰度试验》规定的严酷等级为Ⅲ级的快速瞬变脉冲群抗扰度试验。

（4）脉冲群抗扰度。

通过 GB/T 17626.12—2013《电磁兼容试验和测量技术振荡波抗扰度试验》规定频率为 100kHz 和 1MHz 严酷等级为Ⅲ级的脉冲群抗扰度试验。

（5）浪涌（冲击）抗扰度。

通过 GB/T 17626.5—2008《电磁兼容试验和测量技术浪涌（冲击）抗扰度试验》规定 1.2/50μs 严酷等级为Ⅲ级的浪涌抗扰度试验。

4.3.5　机械性能

（1）振动：装置能承受 GB/T 11287《电气继电器　第 21 部分：量度继电器和保护装置的振动、冲击、碰撞和地震试验　第 1 篇：振动试验（正弦）》中 3.2.1 及 3.2.2 规定的严酷等级为Ⅰ级的振动耐久能力试验。

（2）冲击：装置能承受 GB/T 14537《量度继电器和保护装置的冲击与碰撞试验》中 4.2.1 及 4.2.2 规定的严酷等级为Ⅰ级的冲击响应试验。

（3）碰撞：装置能承受 GB/T 14537《量度继电器和保护装置

的冲击与碰撞试验》中 4.3 规定的严酷等级为Ⅰ级的碰撞试验。

4.3.6 新接入电网设备参数信息

以某 110kV 变电站的一台 10kV 受总开关监测设备为典型样例，设备参数信息如表 4-3 所示。

表 4-3 新接入电网设备参数信息表

参数名称	填写规范
设备名称	电能质量监测终端
安装变电站名称	某 110kV 变电站
线路名称	10kV41 号母线-201 受总
电压等级	交流 110kV/交流 35kV/交流 10kV
竣工日期	×年×月×日
型号	设备型号
MAC 地址	装置自带
IP 地址	分配给装置的本地局域网 IP 通信地址，通信调试时必须设置
子网掩码	本地局域网子网掩码，通信调试时必须设置
网关	本地局域网网关，与计算机直连时可不必设置，组网通信调试时必须设置
电压互感器变比	从所在母线的电压互感器取值
电流互感器变比	从开关的电流互感器测量/计量开口取值
用户协议容量（MVA）	（1）对于电压取自受总母线电压，电流取自出线的监测点，供电设备容量取供电变压器容量，用户协议容量取出线上用户的报装容量（如为多用户，填写该出线所有用户报装容量加和），并填写全部监测对象名称； （2）电压和电流均取自受总变压器的监测点，供电设备容量取供电变压器容量，用户协议容量取供电变压器容量
供电设备容量（MVA）	对应主变压器容量
监测对象名称	（1）当监测点类型为跨省计量关口点，一类、二类、三类、四类变电站，受换流站影响的变电站，装设 FACTS 设备的变电站（换流站），2501 超标较严重或用户投诉较多的变电站等国网公司资产的监测对象时应与监测点名称一致； （2）当监测点类型为换流站时，填写换流站名称； （3）当监测点类型为其他非线性负荷、敏感/重要/高危用户、风电场、光伏电站、其他发电厂时，应填写客户单位名称，例如：某风电场，或某钢铁厂； （4）当监测点类型为 1300 电气化铁路时，监测对象名称应与《电气化铁路牵引站编码表》中的牵引站名称保持一致，监测对象名称均以某牵引站命名

续表

参数名称	填写规范
负荷类型	按照表 4-4 选择对应负荷类型
所连母线名称	10kV-41
主变压器设备编码（PMS）	在 PMS2.0 系统设备台账中查询
电压互感器设备编码（PMS）	在 PMS2.0 系统设备台账中查询
电流互感器设备编码（PMS）	在 PMS2.0 系统设备台账中查询
地区	市中心区/市区/郊区/县城/农村
设备厂家	填写厂家全称
接线方式	三相三线/三相四线
对时方式	SNTP 网络对时方式

注 1. 接入电气化铁路设备需要额外提供牵引站名称、铁路类型、所属铁路线路名称、电压等级、牵引变压器联结组方式、牵引变压器一次、二次侧额定电压、牵引变压器额定容量、电缆线路长度、电缆敷设方式、电缆型号、电缆芯数等参数。

2. 接入新能源设备需额外提供用户站名称、用户站业主、电压等级、建设地址、装机容量、经度、纬度、海拔等参数。

表 4-4　　负 荷 类 型 列 表

1100：跨省计量关口点
2101：一类变电站
2102：二类变电站
2103：三类变电站
2104：四类变电站
1201：换流变网侧出线
1202：滤波大组出线
1203：换流站交流出线
2200：受换流站影响的变电站
1300：电气化铁路
2301：电加热负荷（含电弧炉、中频炉、电热炉、单/多晶硅生产设备）
2303：轧机（含交、直流轧机）
2304：轨道交通
2305：电动汽车充电站

续表

2306：电焊负荷
2308：起重负荷（含电铲、升降机、门吊等吊装设备）
2309：电解负荷
2312：变频调速负荷（变频电机、变频水泵等）
2315：商业/市政/民用/电子通信负荷（含变频空调、大型电梯、节能照明设备、UPS、开关电源、逆变电源等）
2401：半导体制造
2402：精密加工
2403：党政机关
2404：医院
2405：交通枢纽（公交场站、客运站、火车站等）
2406：机场
2407：金融
2408：数据中心
2409：危险化学品
2410：易燃易爆品制造
2411：大型场馆（体育场、剧院等）
1401：风电场
1402：光伏电站
1403：其他发电厂
1501：装设 FACTS 设备的变电站
1502：装设 FACTS 设备的换流站
2501：超标较严重或用户投诉较多的变电站

4.4 技术方案及设计图

4.4.1 电能质量监测装置典型设计图

本典设电能质量监测装置主要考虑安装在变电站主控室的二次屏柜上，根据信号接线形式的不同分为三相三线制和三相四线制，其终端外形分为标准终端外形和非标准终端外形。按照信号接线形式及终端外形区分主要布置方案如图 4-1～图 4-9 所示，三相三线制标准电能质量监测终端安装主要材料如表 4-5 所示，三相四线制标准电能质量监测终端安装主要材料如表 4-6 所示。

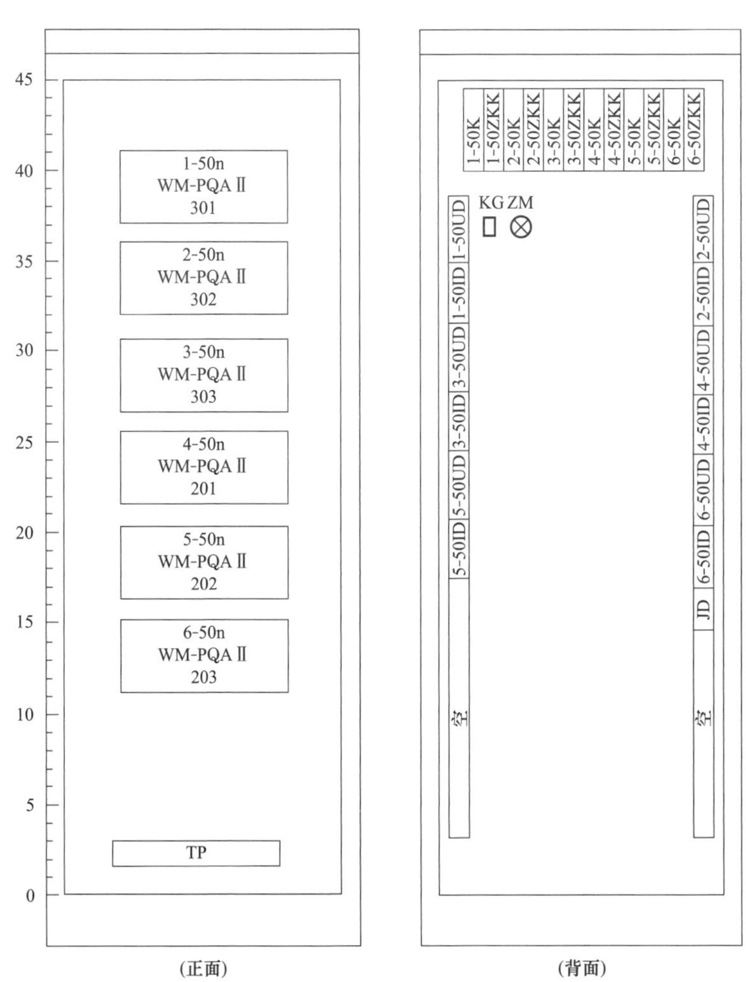

图 4-1　三相三线制标准电能质量监测终端屏面布置图

表 4-5　　三相三线制标准电能质量监测终端安装主要材料表

序号	代号	名称	型号	数量	备注
1	50n	电能质量监测装置		6	
2	K	自动空气开关	DZ47-60C3/2	6	
3	ZKK	自动空气开关	DZ47-60C1/3	6	
4	ZM	照明灯	40W	1	
5	KG	门控开关	L×19K	1	
6	TP	调度数据网交换机	Tp-link	1	

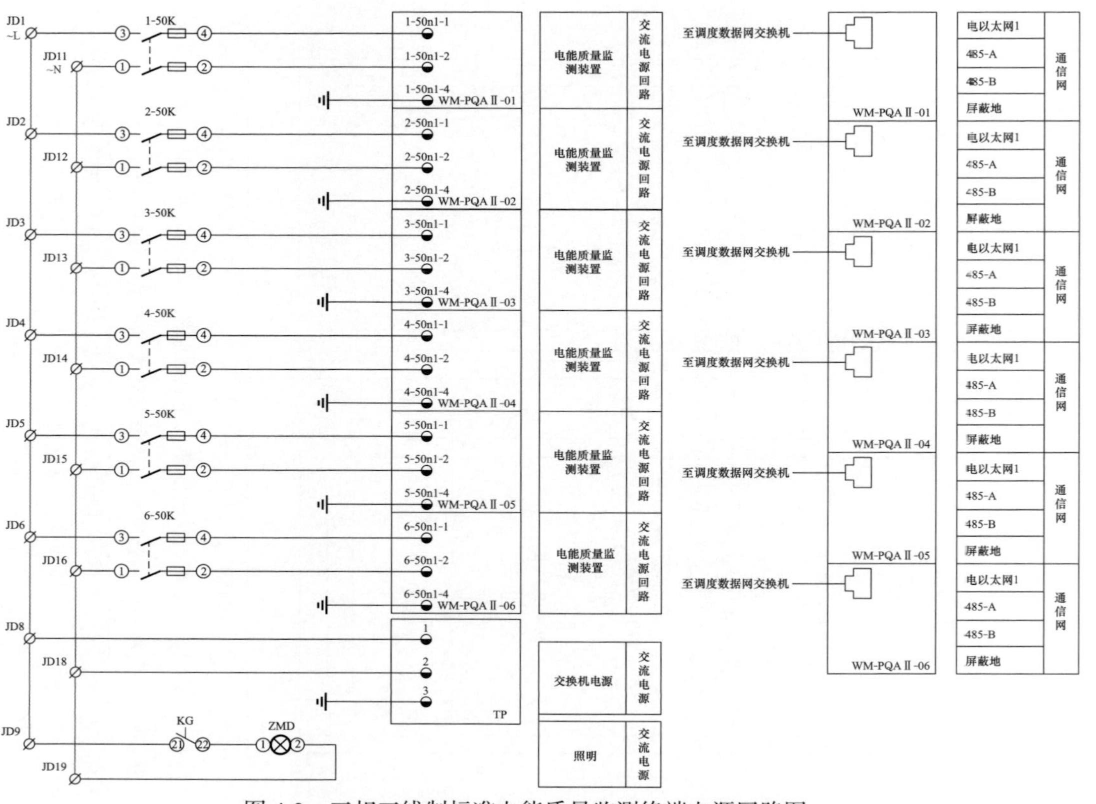

图 4-2 三相三线制标准电能质量监测终端电源回路图

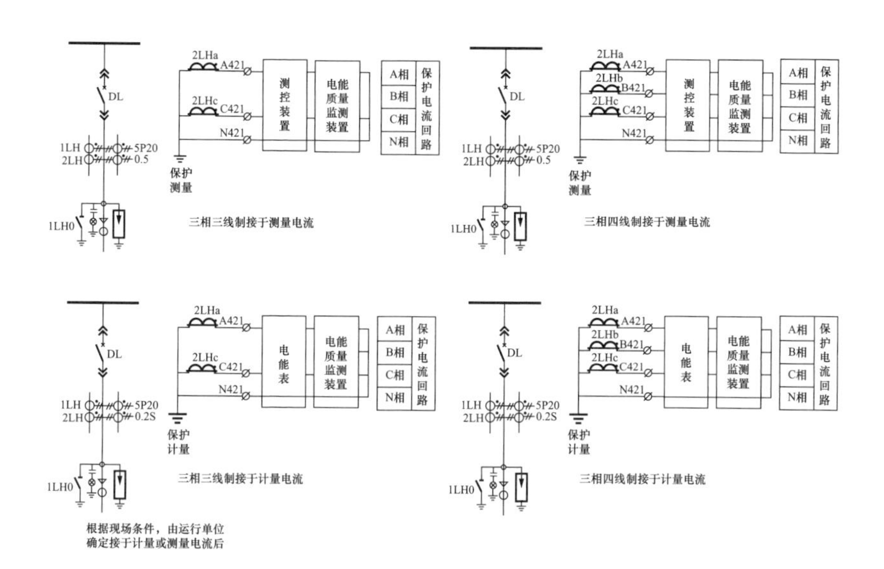

图 4-3（a）标准电能质量监测终端电流电压回路图

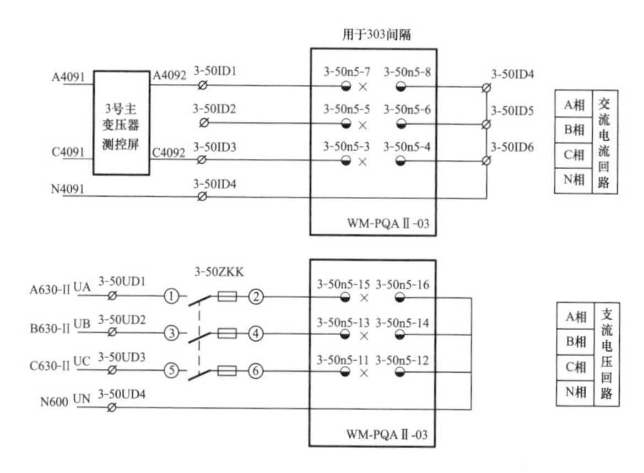

图 4-3（b）三相三线制标准电能质量监测终端电流电压回路图（以单台为例）

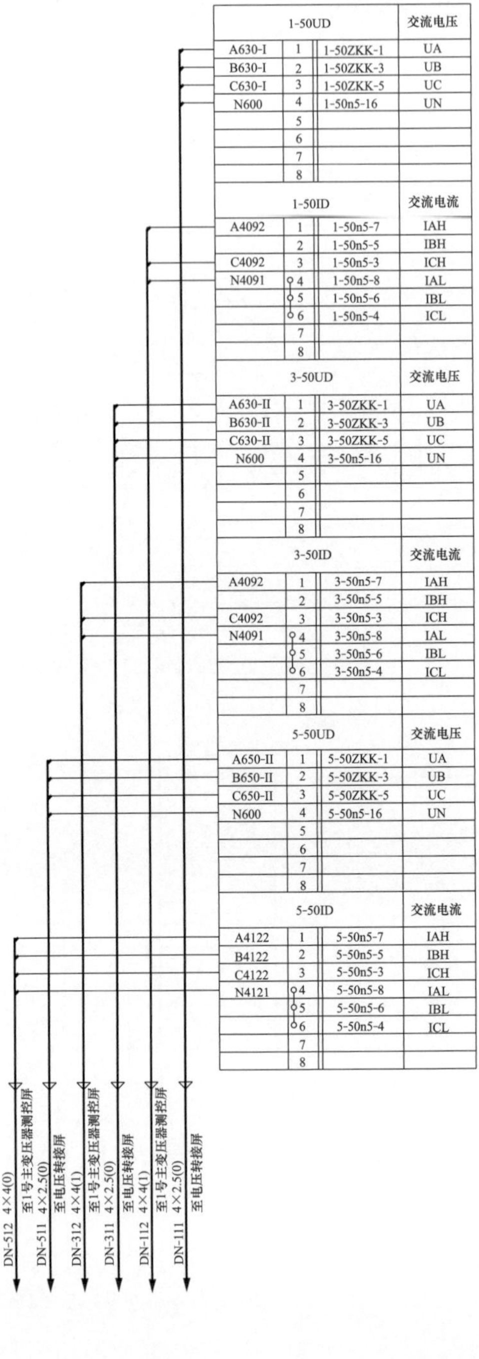

1-50UD			交流电压
A630-I	1	1-50ZKK-1	UA
B630-I	2	1-50ZKK-3	UB
C630-I	3	1-50ZKK-5	UC
N600	4	1-50n5-16	UN
	5		
	6		
	7		
	8		
1-50ID			交流电流
A4092	1	1-50n5-7	IAH
	2	1-50n5-5	IBH
C4092	3	1-50n5-3	ICH
N4091	4	1-50n5-8	IAL
	5	1-50n5-6	IBL
	6	1-50n5-4	ICL
	7		
	8		
3-50UD			交流电压
A630-II	1	3-50ZKK-1	UA
B630-II	2	3-50ZKK-3	UB
C630-II	3	3-50ZKK-5	UC
N600	4	3-50n5-16	UN
	5		
	6		
	7		
	8		
3-50ID			交流电流
A4092	1	3-50n5-7	IAH
	2	3-50n5-5	IBH
C4092	3	3-50n5-3	ICH
N4091	4	3-50n5-8	IAL
	5	3-50n5-6	IBL
	6	3-50n5-4	ICL
	7		
	8		
5-50UD			交流电压
A650-II	1	5-50ZKK-1	UA
B650-II	2	5-50ZKK-3	UB
C650-II	3	5-50ZKK-5	UC
N600	4	5-50n5-16	UN
	5		
	6		
	7		
	8		
5-50ID			交流电流
A4122	1	5-50n5-7	IAH
B4122	2	5-50n5-5	IBH
C4122	3	5-50n5-3	ICH
N4121	4	5-50n5-8	IAL
	5	5-50n5-6	IBL
	6	5-50n5-4	ICL
	7		
	8		

DN-512 4×4(0) 至1号主变压器测控屏
DN-511 4×2.5(0) 至电压转接屏
DN-312 4×4(1) 至1号主变压器测控屏
DN-311 4×2.5(0) 至电压转接屏
DN-112 4×4(1) 至1号主变压器测控屏
DN-111 4×2.5(0) 至电压转接屏

图 4-4 三相三线制标准电能质量监测终端左侧端子排图

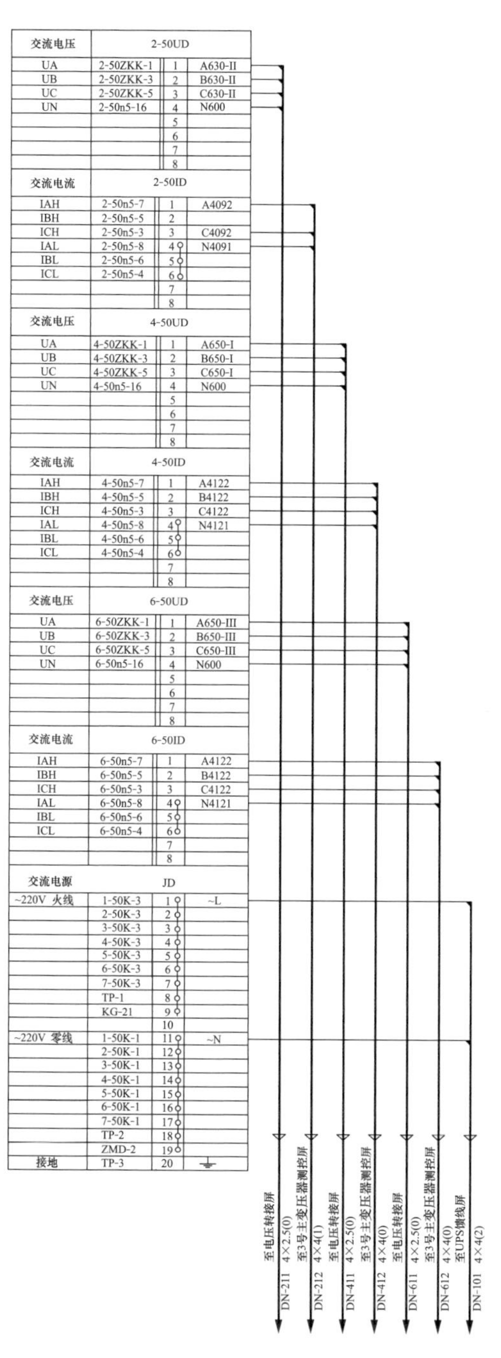

图 4-5 三相三线制标准电能质量监测终端右侧端子排图

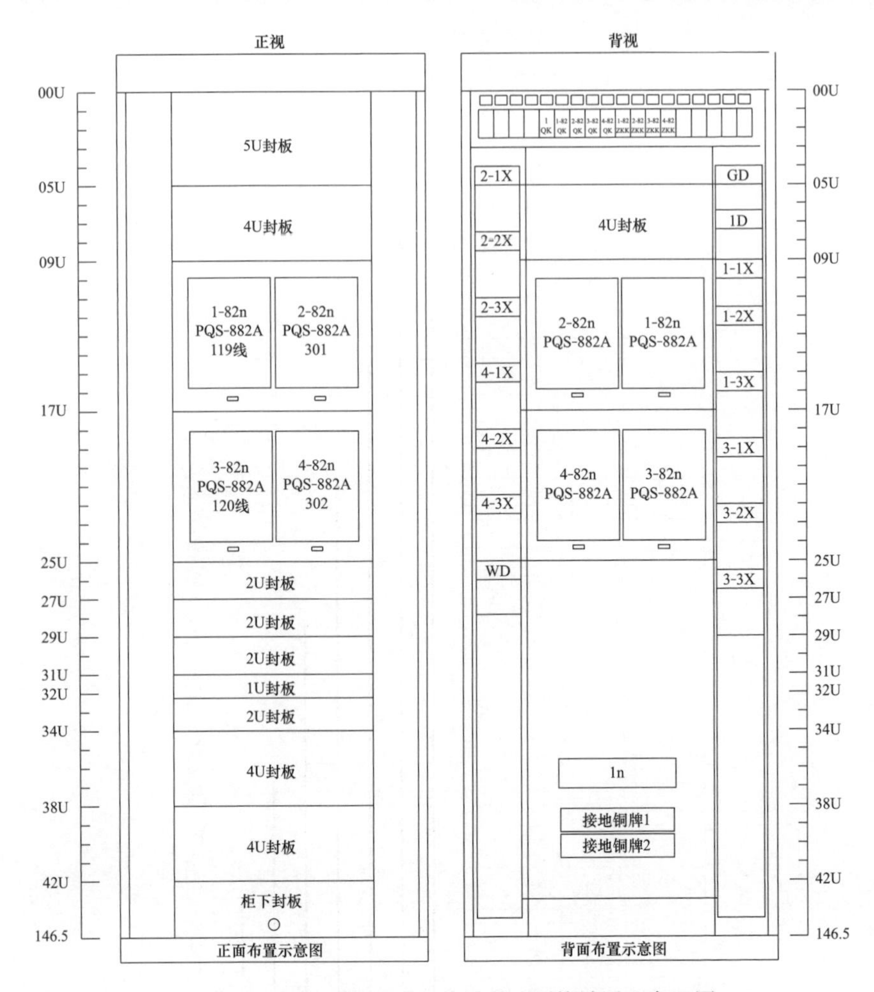

图 4-6 三相四线制标准电能质量监测终端屏面布置图

表 4-6 三相四线制标准电能质量监测终端安装主要材料表

序号	代号	名称	型号	数量	备注
1	82n	电能质量监测装置		6	
2	ZKK	自动空气开关	DZ47-60C3/2	6	
3	QK	自动空气开关	DZ47-60C1/3	6	
4	1n	交换机	Tp-link	1	

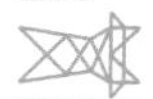

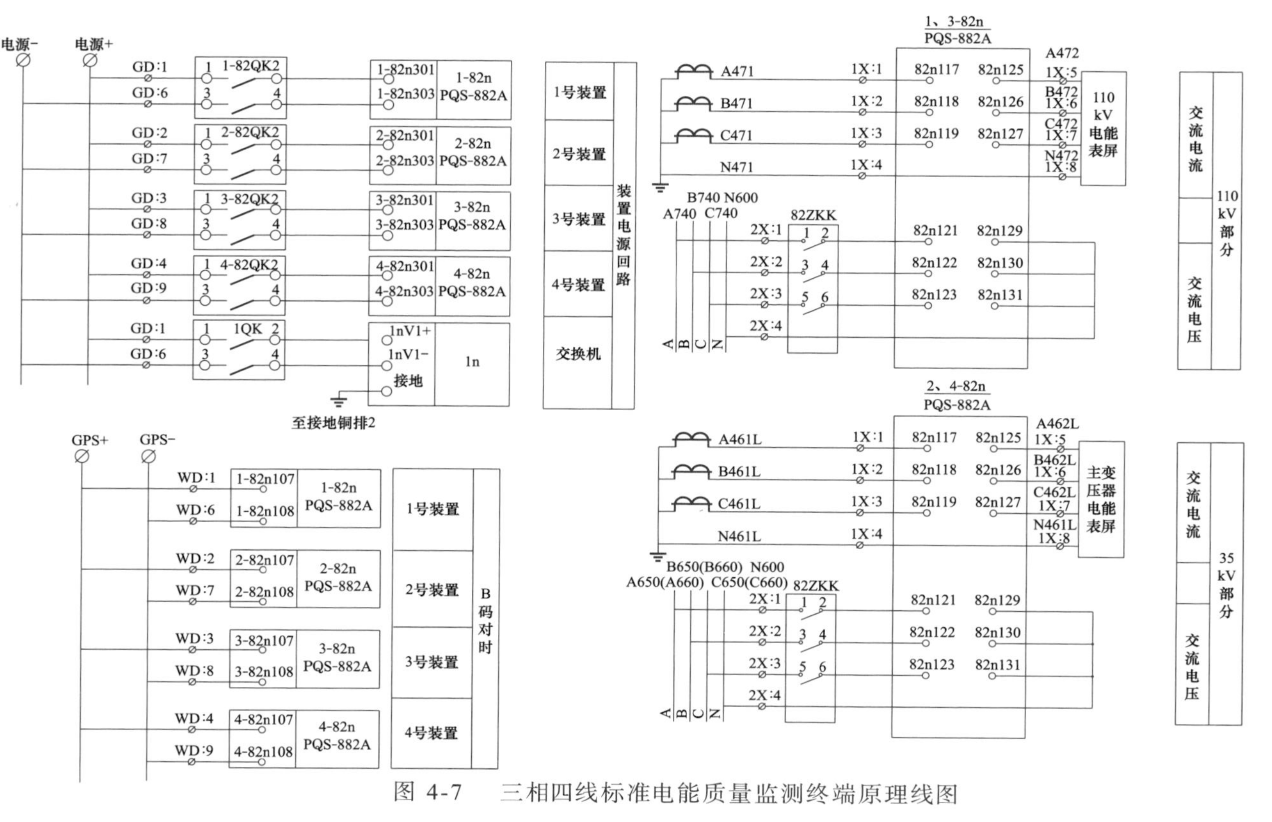

图 4-7 三相四线标准电能质量监测终端原理线图

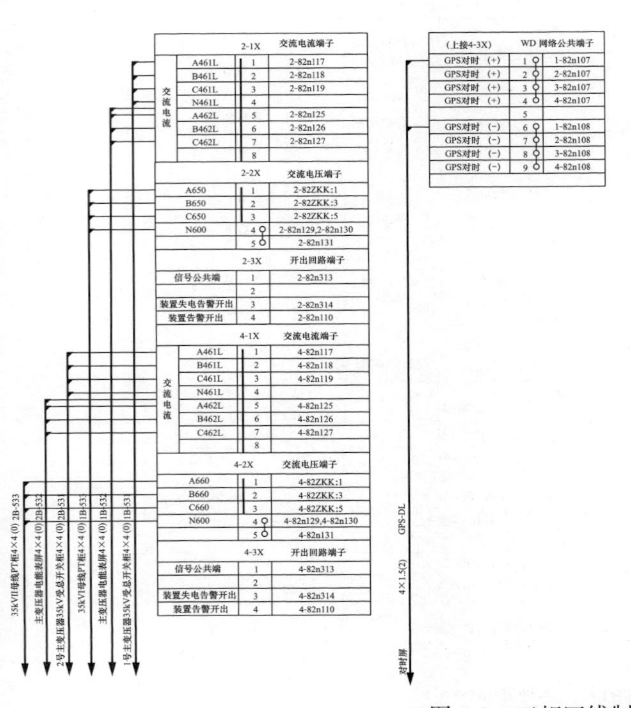

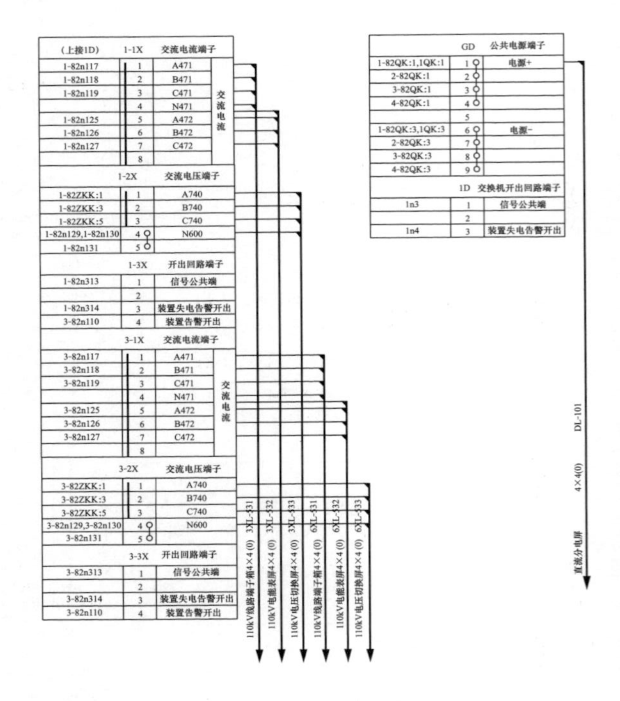

图 4-8 三相四线制标准电能质量监测终端端子排图

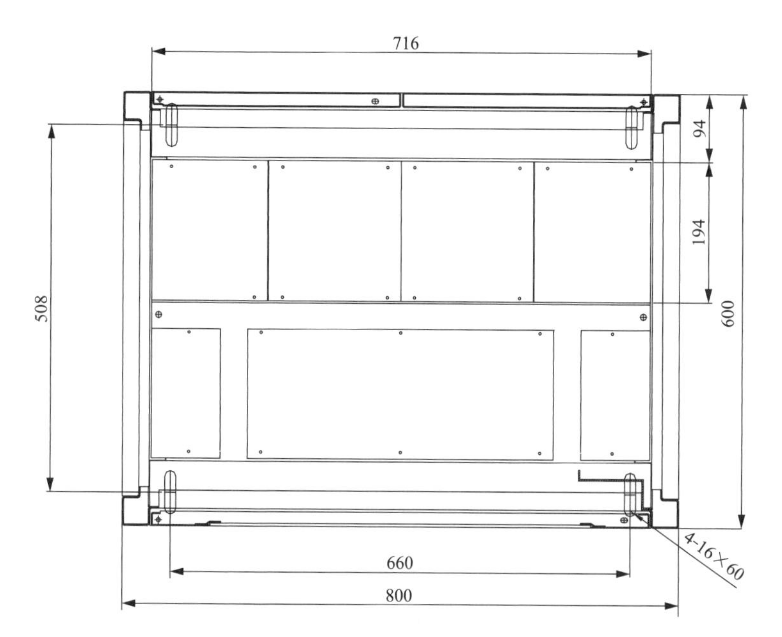

图 4-9 屏柜底部示意图（屏柜尺寸：2260mm×800mm×600mm）

4.4.2 电压暂降监测装置典型设计图

电压暂降监测装置采用直流电源，装置应具备直流量开入功能及开出硬接点；具备 485 及以太网通信功能，通过差分 B 码实现硬对时；应具备接入电压及电流功能，适应三相三线制、三相四线制（带 PE 或不带 PE 线）、三角形接线、开口三角形接线等不同接入方式。以南京灿能设备为例，具体接线如图 4-10～图 4-15 所示。

4.4.3 互感器（TV、TA 侧）交流模拟量接线示意图

由于实际工程中所监测间隔或线路的电压及电流互感器（TV、TA）二次侧接线存在不同形式，当用于具体工程时，应依据实际接线方式将电压及电流引入装置，具体接线方式参考图 4-16～图 4-20。

所要操作的线路应处于停电状态，因为需要解开原有电压电流二次回路进行接线操作。

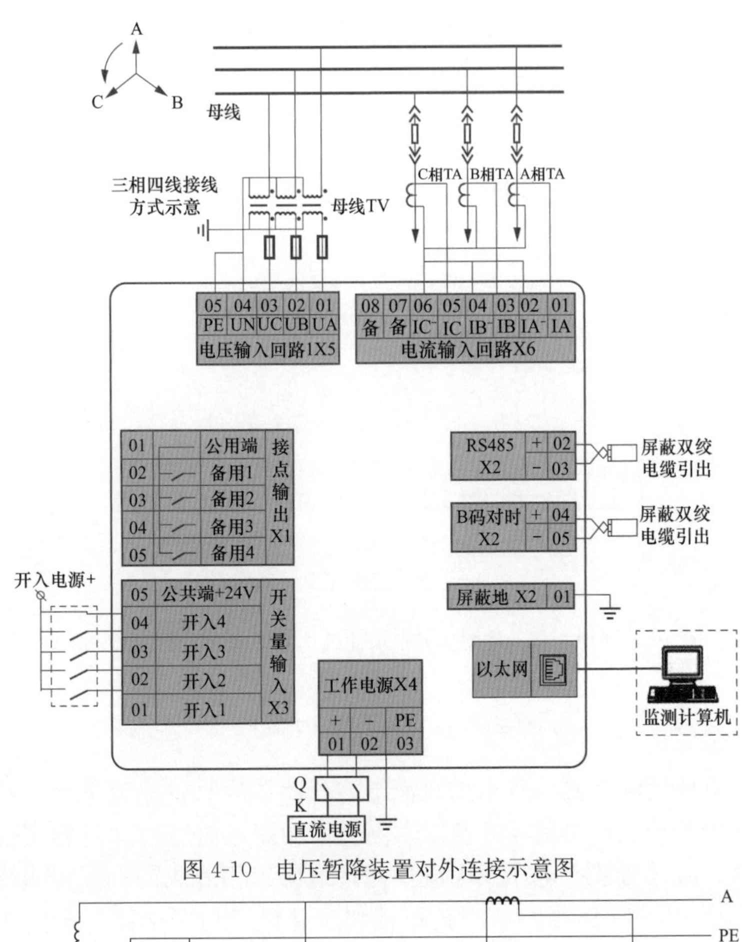

图 4-10 电压暂降装置对外连接示意图

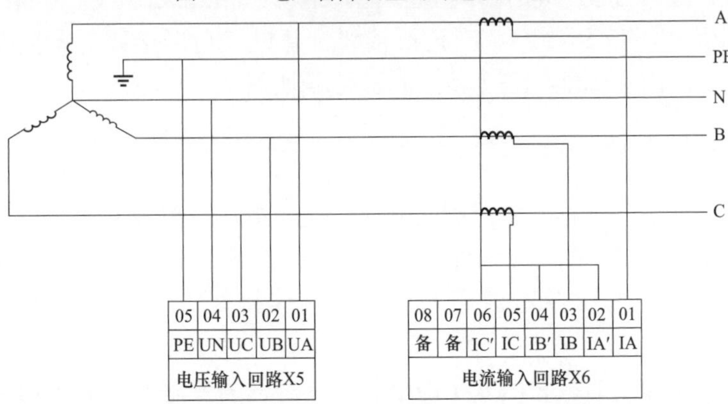

图 4-11 三相四线（带 PE）电压暂降装置的星形接线示意图

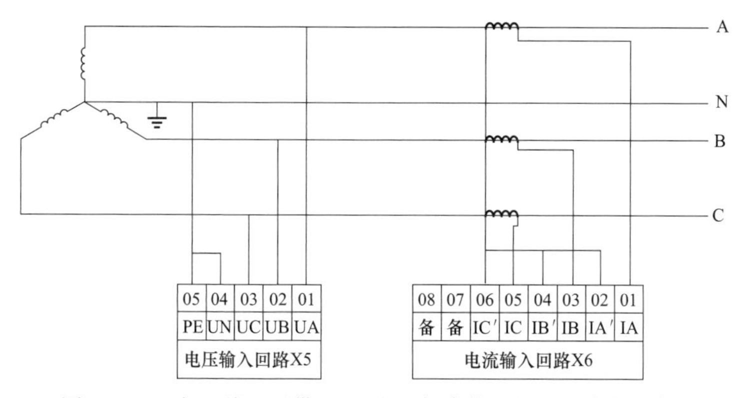

图 4-12　三相四线（不带 PE）电压暂降装置的星形接线示意图

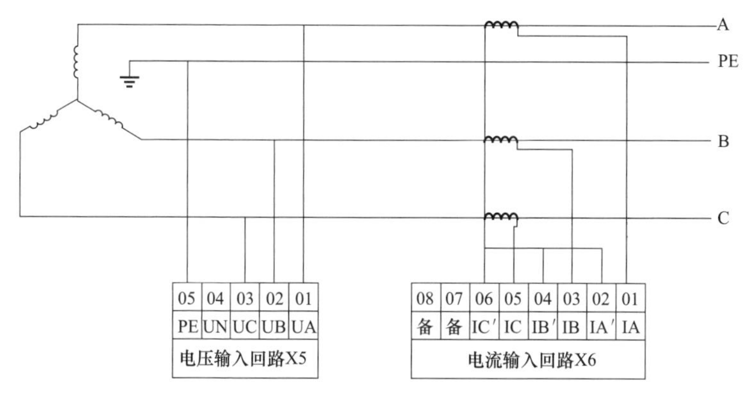

图 4-13　三相三线电压暂降装置的星形接线示意图

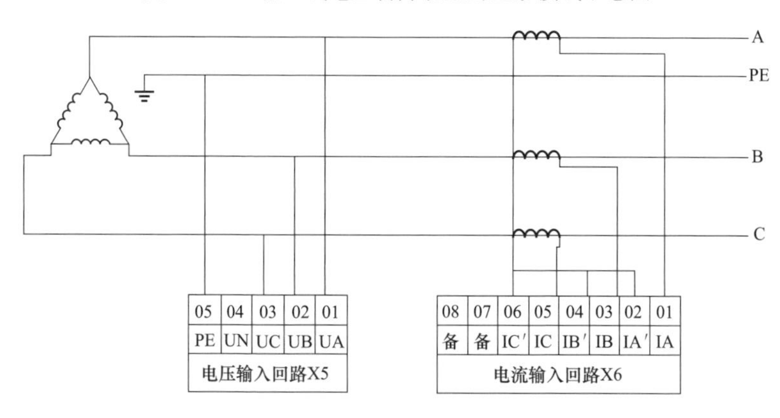

图 4-14　三角形接线电压暂降装置接线示意图

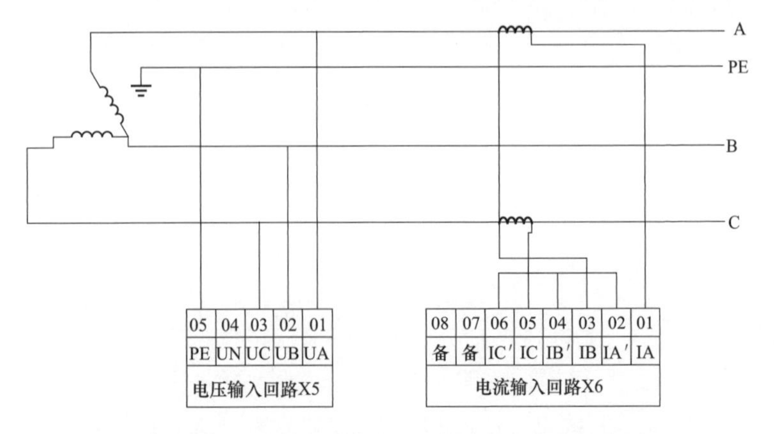

图 4-15 开口三角形接线电压暂降装置接线示意图

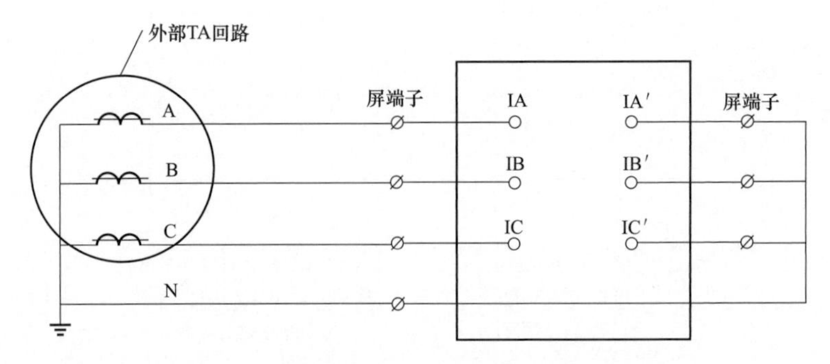

图 4-16 对应于三组 TA 的电流回路接线示意图

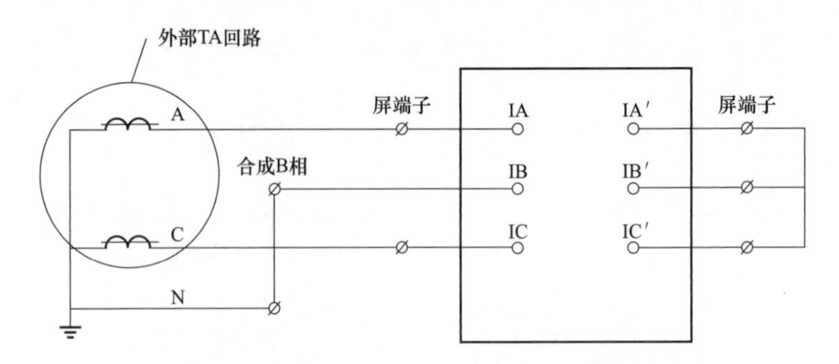

图 4-17 对应于两组 TA 的电流回路接线示意图

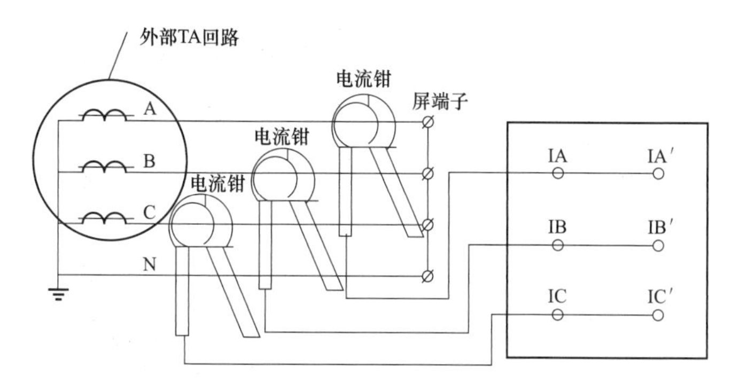

图 4-18　对应于使用电流钳的电流回路接线示意图

图 4-19　三组 TV 方式下电压回路接线示意图

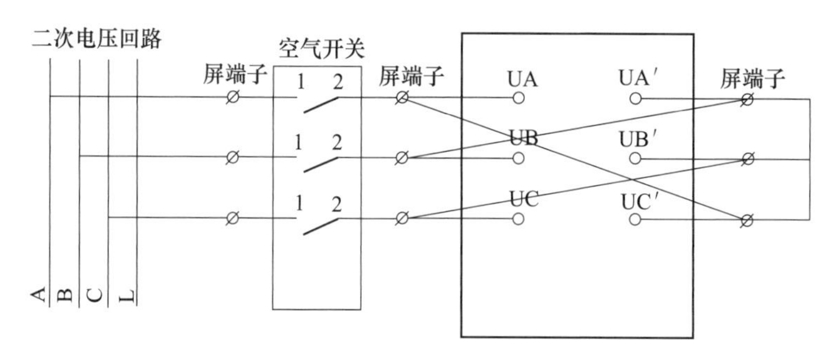

图 4-20　两组 TV(Vv 接线) 方式下电压回路接线示意图

(1) 电压、电流二次侧的连接。

装置二次侧接线示意如图 4-21 所示。

电流回路接线原理图如图 4-22 所示。

电压回路接线原理图如图 4-23 所示。

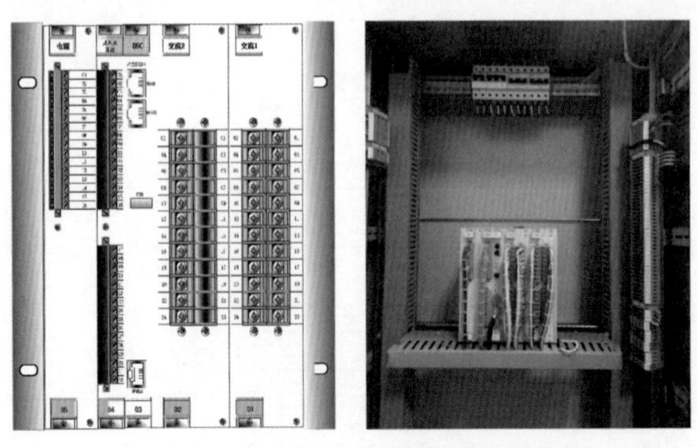

图 4-21　装置二次侧接线示意图（样例）

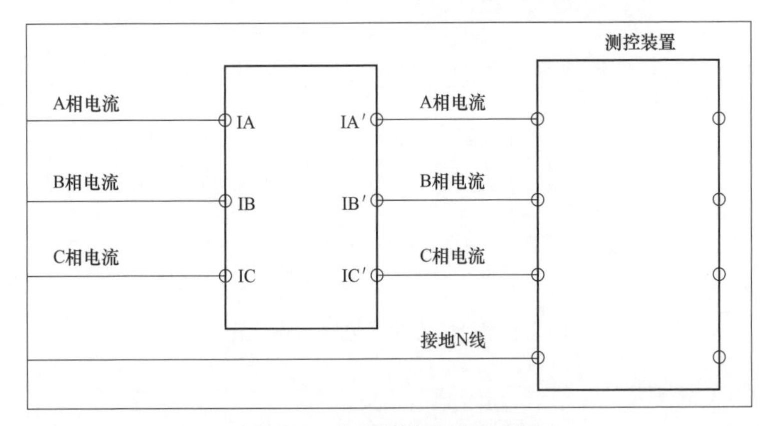

图 4-22　电流回路接线原理图

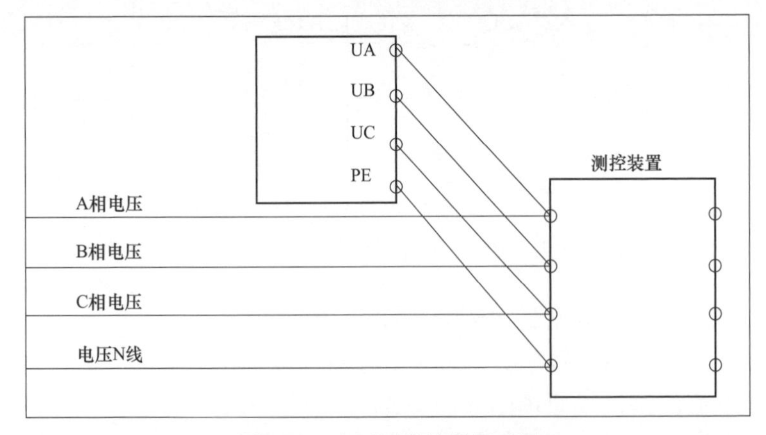

图 4-23　电压回路接线原理图

装置用交流电流回路时，必须用可靠压接的，不小于2.5mm² 的带色标的导线连接至屏、柜的电流输入端子处，装置端子上的螺丝必须有弹簧垫圈并拧紧，以防止交流电流回路开路；交流电压回路必须用可靠压接的不小于1.5mm² 的导线连接至屏、柜的电压输入端子处。

在装置投入运行前，必须仔细检查装置的交流电流、电压输入回路的接线是否正确，尤其是交流电流回路的所有端子必须接触可靠，防止电流回路开路而产生危险的高压，危及人身安全。

（2）电源的连接

装置工作电源线，可从柜内直流220V回路空气开关上端，或者从直流屏直流220V备用回路引取，最好在进入装置之前串入一个220V，2A的直流空气开关作为装置的电源控制开关（此处为保障装置在线率，建议接入UPS电源供电，需提前申请，以便预留负荷及出口电源）。

在装置上电前，必须核对装置铭牌和所接电源电压等级一致，如果将DC/AC 220V电源信号接入铭牌标示为DC/AC 110V的装置电源插件，将会导致插件的损坏及可能发生危害人身安全的事故。

（3）通信线缆的连接

通信网络线，需要从装置安装位置放到变电站内的通信交换机机柜，连接装置和变电站综合数据网通信交换机（非调度通信交换机），通信线缆接头连接示意图如图4-24所示。

（4）接地线的连接

为保证装置的安全运行和人身安全，装置外壳必须与变电站、电厂的地网可靠连接。同时为保证装置在强电磁干扰环境下可靠运行，考虑了许多隔离、滤波、安全措施，这些措施要发挥作用，装置必须有良好的接地。

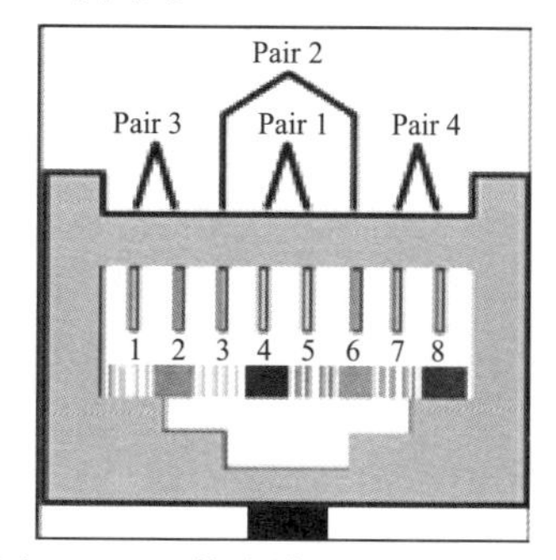

图4-24　通信线缆接头连接示意图

1—橙白；2—橙；3—绿白；4—蓝；5—蓝白；6—绿；7—棕白；8—棕

一般监测装置在电源插件上设有专门的接地螺柱，与装置外壳可靠联通，接地时，必须用截面积不小于

$4mm^2$ 专用接地导线（黄绿双色）将接地螺柱及该端子与地网可靠连接。

4.5 全网谐波（电能质量）在线监测系统结构图

全网谐波（电能质量）在线监测系统集成各区、市电能质量监测数据，通过采集地市公司电能质量监测终端谐波数据，对波监测点分布、相关监测指标进行统计分析，同时，针对电气化铁路和换流站进行谐波专项分析，为谐波干扰源管理分析提供有效的数据基础和系统支撑。

4.5.1 主站信息系统图

全网谐波（电能质量）在线监测系统主站信息系统图如图 4-25 所示。

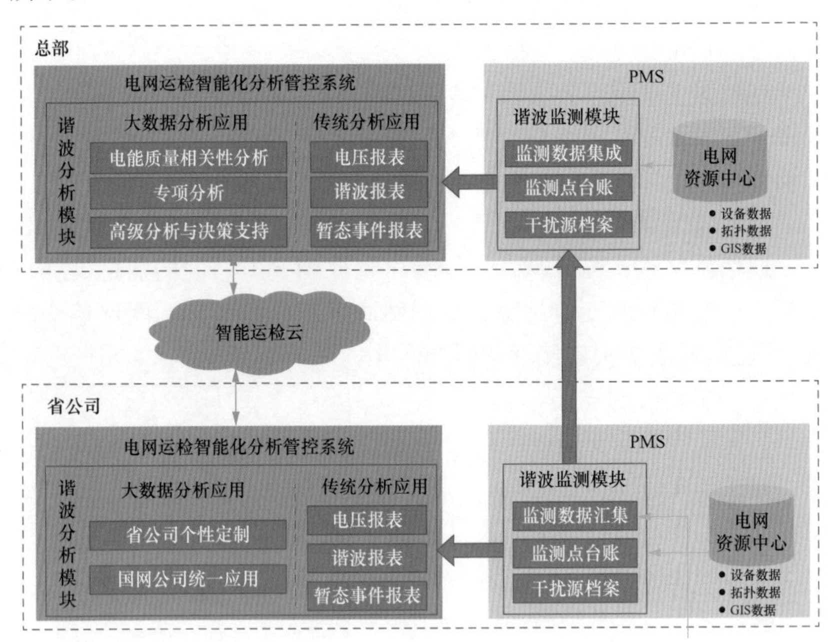

图 4-25 主站信息系统图

4.5.2 系统网络结构图

全网谐波（电能质量）在线监测系统网络结构图如图 4-26 所示。

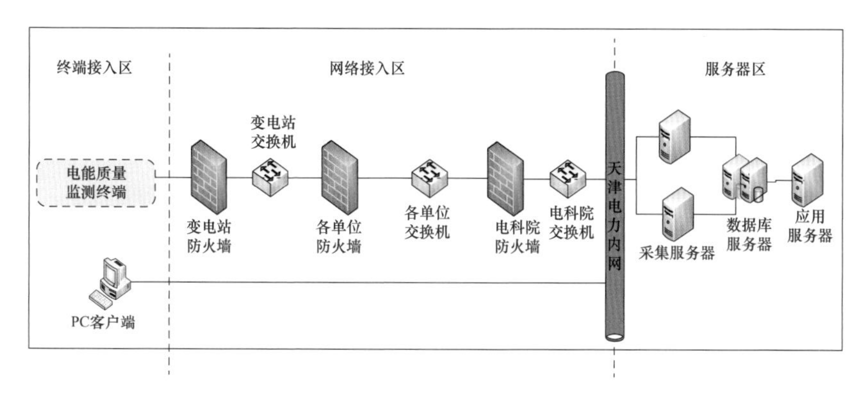

图 4-26　系统网络结构图

4.5.3　站端子系统图

电网谐波监测模块设有子系统分别进行数据采集、数据计算分析集成及数据展示等，子系统关系图如图 4-27 所示。

电网谐波监测模块

主站展示

数据展示子系统

基本应用　稳态数据分析　暂态数据分析　设备信息　统计汇总　系统管理

数据中心

数据集成子系统

国网标准化接口（实时数据、历史数据推送）　其他业务系统数据接口服务

数据计算子系统

稳态计算　谐波计算　暂升计算　暂降计算　其他指标计算

数据分析子系统

报表分析　高级应用数据分析　…

数据管理子系统

数据接收（61850客户端）（FTP文件下载）　数据解析（实时、历史、补传）　数据存储（压缩处理）　其他数据处理（终端参数下发）　系统管理（日志管理）（参数配置）

前端采集

前置采集子系统

实时数据采集（61850协议传输）　历史数据采集（PQDIF文件打包）　数据补传（PQDIF文件打包）　远程参数设置

图 4-27　子系统关系图

4.5.4 PMS系统台账录入操作流程

(1) 新建设备变更申请单。

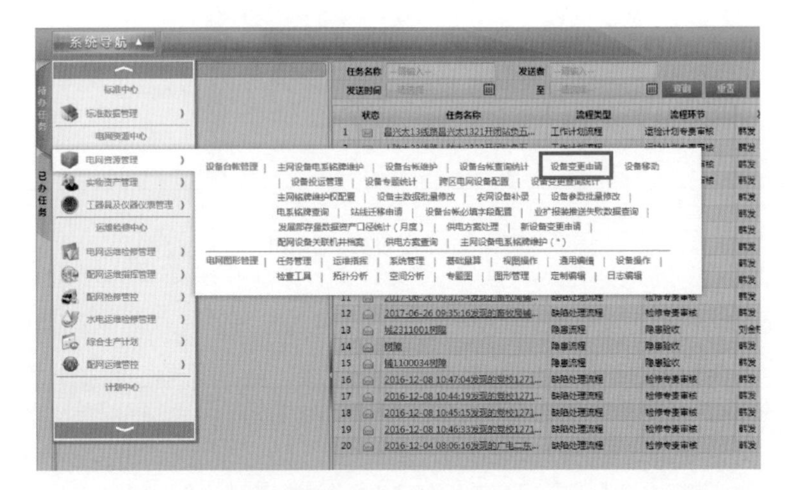

(2) 填写申请单必填项，注意变更类型中请勿选择“设备修改”。

(3) 下发给班组长进行审核，审核通过后，下发给班员进行设备台账维护。

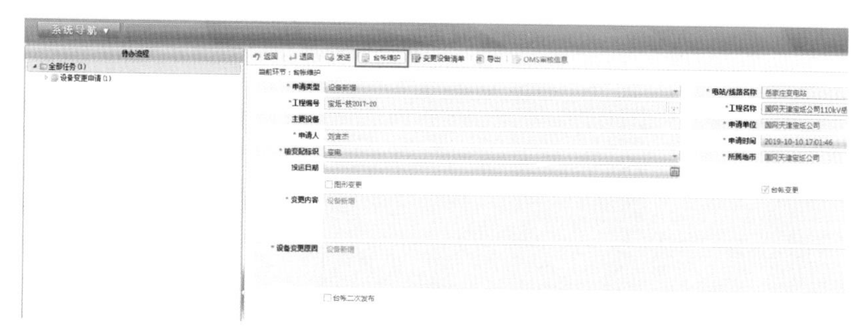

（4）点击“台账维护”按钮，进入台账维护界面。若该电站在此之前尚未维护过“二次屏”设备，需先在二次设备中新建该电站的屏柜台账。在左下侧选择“二次设备”，然后打开相应电站，选中“二次屏”，在左上方功能栏中选择“新建”，然后按照需求填写屏柜名称，选择屏柜类型后点击确定。

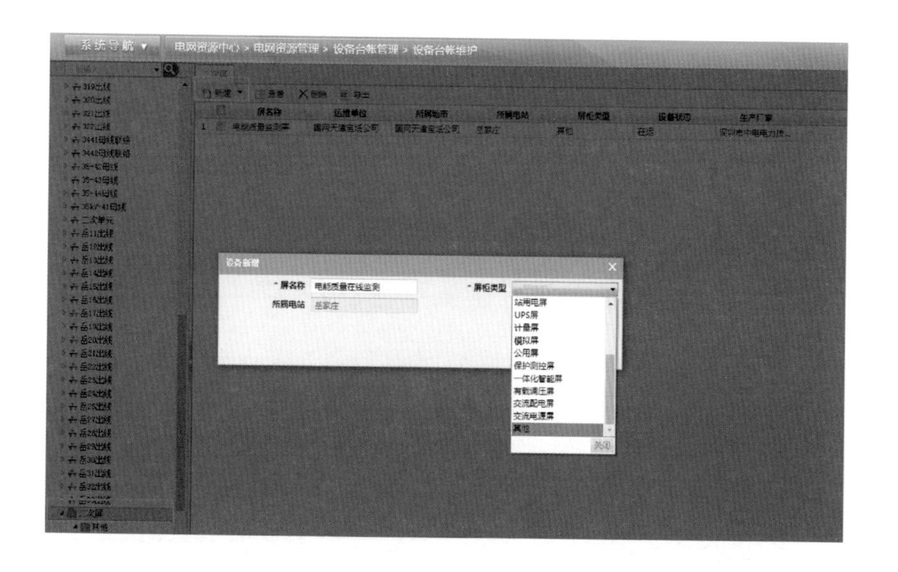

（5）生成屏柜台账。将相关的信息填写完整后，点击“保存”按钮即可。（若在此之间维护过该电站的二次屏设备，可忽略新建屏柜步骤）

（6）切换到“站内一次设备”。打开需要新建变电电能质量在线监测装置的电站，选择“变电电能质量在线监测装置”文件夹，点击右上方功能栏的“新建”按钮，弹出新建对话框，根据实际业务进行填写即可，填写完毕后，点击“保存”按钮。

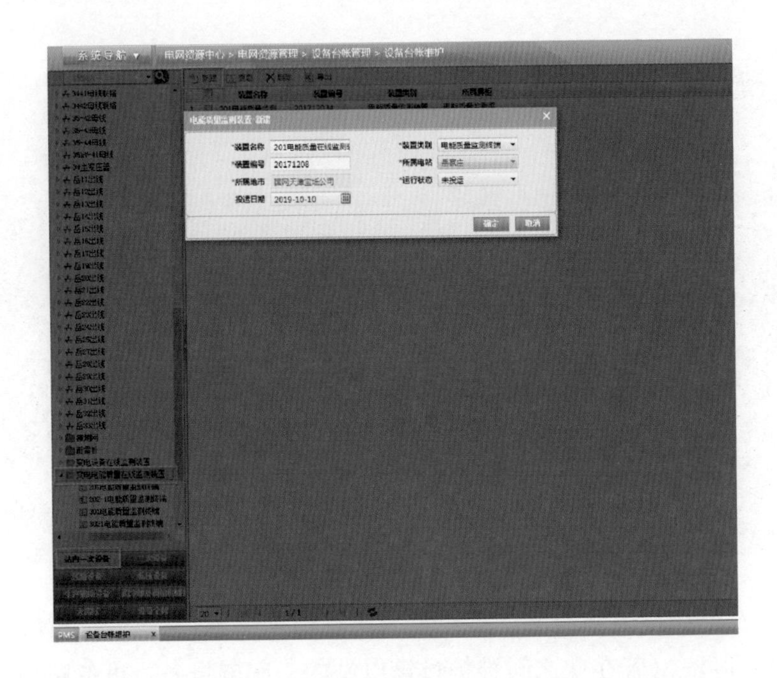

（7）生成电能质量检测终端设备台账。将相关信息填写完毕后，点击“保存”按钮，设备台账新建完毕。

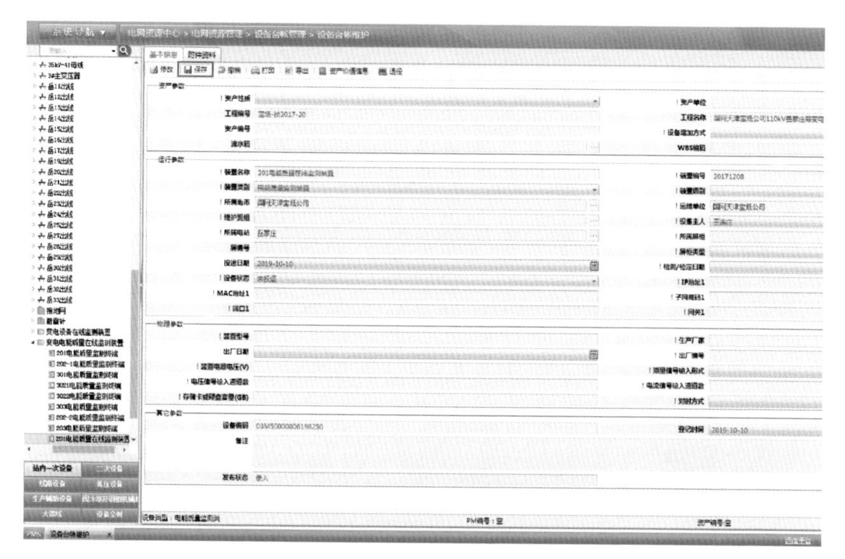

（8）返回到待办任务，将任务发送至运检审核，待运检审核通过后，结束流程，该台账新建完毕。

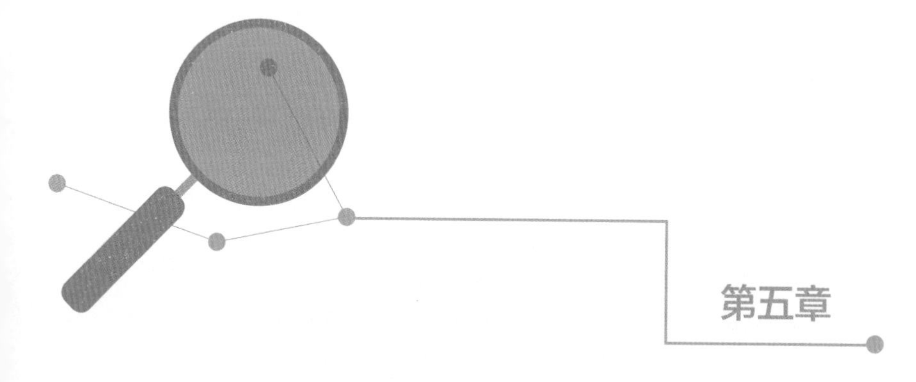

第五章

变电站站用电及出线电能表典型设计

5.1 主要涉及的标准、规程规范

下列设计标准、规程规范中凡是注明日期的引用文件，其随后所有的修改单或修订版均不适用于本典型设计，凡是不注明日期的引用文件，其最新版本适用于本典型设计。

产品的设计除遵循电气、机械、电磁兼容等的通用标准外，还应严格执行下列相关标准。

（1）《中华人民共和国电力法》

（2）《国网运检部、发展部关于开展 10（20/6）千伏及变电站内站用电关口建设改造工作的通知》（运检技术〔2016〕60 号）

（3）GB/T 13983《仪器仪表基本术语》

（4）GB 4208—2008《外壳防护等级（IP 代码）》

（5）DL/T 448—2016《电能计量装置技术管理规程》

（6）DL/T 1664—2016《电能计量装置现场检验规程》

（7）DL/T 860《变电站通信网络和系统系列规程》

（8）DL/T 1075《保护测控装置技术条件》

（9）DL/T 5137《电测量及电能计量装置设计技术规程》

（10）DL/T 1489—2015《三相智能电能表型式规范》

（11）Q/GDW 10347—2016《电能计量装置通用设计规范》

（12）Q/GDW 11681《10kV～35kV 计量用电流互感器技术规范》

（13）Q/GDW 11682《10kV～35kV 计量用电压互感器技术规范》

（14）Q/GDW 1364—2013《单相智能电能表技术规范》

（15）Q/GDW 1827—2013《三相智能电能表技术规范》

（16）DL/T 460《交流电能表检验装置检定规程》

5.2 主要技术指标

5.2.1 规格要求

三相电能表的技术要求应满足 Q/GDW 1827—2013《三相智能电能表技术规范》要求，参比电压如表 5-1 所示，参比电流如表 5-2 所示。

（1）标准的参比电压。

表 5-1　　参　比　电　压

电能表接入线路方式	参比电压推荐值（V）
直接接入	3×220/380
经电压互感器接入	3×57.7/100，3×100

（2）参比电流。

表 5-2　　参　比　电　流

电能表接入线路方式	参比电流推荐值（A）
直接接入	5，10
经电流互感器接入	0.3，1.5

5.2.2　准确度等级

电能表、互感器等计量装置的准确度等级不应低于表 5-3 所示值。

表 5-3　各类电能计量装置应配置的电能表、互感器的准确度等级

电能计量装置类别	准确度等级			
	电能表		电压互感器	电流互感器
	有功	无功		
Ⅰ	0.2S	2.0	0.2	0.2S
Ⅱ	0.5S	2.0	0.2	0.2S
Ⅲ	0.5S	2.0	0.5	0.5S
Ⅳ	1.0	2.0	0.5	0.5S
Ⅴ	2.0	—		0.5S

5.2.3　电能计量装置接线方式

接入中性点绝缘系统的电能计量装置，应采用三相三线接线方式；接入非中性点绝缘系统的电能计量装置，应采用三相四线接线方式，如表 5-4 所示。

表 5-4　　电能计量装置接线方式

电压等级	中性点运行方式	非中性点绝缘系统	中性点绝缘系统	三相四线	三相三线
110kV	中性点直接接地	√		√	
35kV、10kV	中性点经消弧线圈接地	√		√	
	中性点经低电阻接地	√		√	
	中性点不接地		√		√
380V	中性点直接接地	√		√	

接入中性点绝缘系统的3台电压互感器，35kV及以上的宜采用Yy方式接线；35kV以下的宜采用Vv方式接线。2台电流互感器的二次绕组与电能表之间应采用四线分相接法。

接入非中性点绝缘系统的3台电压互感器，应采用YNyn方式接线，3台电流互感器的二次绕组与电能表之间应采用六线分相接法。

5.3　设计说明

5.3.1　计量点设置

（1）35kV及以上变电站站用电计量点设置。

35～750kV变电站站用电采用一级变压，站用变外接电源至站用变之间设置电能计量点，站用变高压侧、站用变低压侧设置电能计量点，产权归属电网企业；特高压变电站站用电采用两级变压，站用变外接电源至站用变之间设置电能计量点，一级站用变高压侧、二级站用变低压侧设置电能计量点，产权归属电网企业。

（2）10kV关口计量点设置。

10（20/6）kV关口设置范围包括变电站10（20/6）kV出线开关、开关站出线及联络开关、线路常开联络开关、环网室（箱）常开联络开关、公用配电室母联开关、公变台区低压出线侧为主、专变用户计量点、分布式电源（小水电）10（20/6）kV上网计量点。

5.3.2　计量装置基本配置

（1）电能计量专用电压、电流互感器或专用二次绕组及其二次回路不得接入与电能计量无关的设备。

（2）站用变外接电源至站用变之间应配置主副电能表。

（3）10kV、35kV 电能计量装置采用专用电能计量柜时，柜中安装电能表、电压互感器、电流互感器；采用线路开关柜式时，电能表、电流互感器、高压开关安装在同一面柜中，电压互感器安装在另一面柜中；采用户外电能计量箱时，箱中安装电能表。10kV 电能计量柜中集中安装电能表、电压互感器、电流互感器、高压开关时，采用固定结构的整体柜。

（4）电能计量装置应满足电能信息采集的要求。

5.3.3 技术要求

（1）电压互感器

1）电压互感器应满足 GB 20840.3—2013《互感器 第 3 部分：电磁式电压互感器的补充技术要求》、GB/T 20840.5—2013《互感器 第 5 部分：电容式电压互感器的补充技术要求》和 Q/GDW 108—2003《750kV 系统用电压互感器技术规范》等的要求。

2）计量专用电压互感器或专用二次绕组的额定二次负荷应根据实际二次负荷计算值在 5VA、10VA、15VA、20VA、25VA、30VA、40VA、50VA 中选取。一般情况下，下限负荷为 2.5VA。额定二次负荷功率因数为 0.8～1.0。

3）110kV 及以下电压等级的互感器宜采用电磁式电压互感器。

4）用于贸易结算的计量点，互感器和电能表不得使用数字化计量设备。

5）计量专用电压互感器或计量专用绕组二次端子盒应能实施加封。

（2）电流互感器

1）电流互感器选型应满足 GB 1208《电流互感器》和 Q/GDW 107《750kV 系统用电流互感器技术规范》标准要求。

2）电流互感器二次额定电流根据具体情况选择 5A 或 1A。

3）二次额定电流为 1A 的计量专用电流互感器或电流互感器专用绕组的额定二次负荷应不大于 10VA，下限负荷为 1VA；二次额定电流为5A的计量专用电流互感器或电流互感器专用绕组，应根据二次回路实际负荷计算值确定额定二次负荷及下限负荷，保证二次回路实际负荷在互感器额定二次负荷与其下限负荷之间。一般情况下，下限负荷为3.75VA，额定二次负荷功率因数为0.8（滞后）。

4）应根据站用变变压器容量或实际站用电负荷容量选择电流互感器额定变比，以保证正常运行的实际负荷电流达到额定值的60%左右，至少应不小于30%，否则应选用高动热稳定性的电流互感器，减小互感器的额定变比。

5）采用变压器套管电流互感器时，计量用电流互感器应配置等安匝校验绕组，导线的额定电流密度可按5A/mm^{2}设计，额定电流不应小于10A。

6）计量用电流互感器的仪表保安系数宜选5。

7）计量用电流互感器二次端子盒应能实施加封。

（3）电能表

1）变电站的电能计量装置应选用智能电能表。电能表技术指标应满足公司智能电能表相关技术标准的要求。

2）智能电能表应具有自检功能，并提供相应的报警信号输出（如TV失压、TA断线、电源失常、自检故障等），失压计时功能应满足智能电能表相关技术标准。

3）为满足电能量采集或用电信息采集的管理要求，电能表应至少具备红外接口和符合DL/T 645《多功能电能表通信协议》标准通信规约的RS485输出接口。

5.3.4 电能表验收

电能计量装置投运前应进行全面验收，具体要求如下：

（1）电网企业之间、发电企业上网电量的贸易结算用电能计量装置和电网企业与其供电企业供电的关口电能计量装置的验收由当地电网企业负责组织，以电网企业的电能计量技术机构为主，当地供电企业配合，涉及发电企业的还应由发电企业电能计量管理或专业技术人员配合；其他投运后由供电企业管理的电能计量装置应由供

电企业电能计量技术机构负责验收，由发电企业管理的用于内部考核的电能计量装置应由发电企业电能计量管理机构负责组织验收。

（2）技术资料验收。技术资料验收内容及要求如下：

1）电能计量装置计量方式原理图，一、二次接线图，施工设计图和施工变更资料、竣工图等。

2）电能表及电压、电流互感器的安装使用说明书、出厂检验报告，授权电能计量技术机构的检定证书。

3）电能信息采集终端的使用说明书、出厂检验报告、合格证，电能计量技术机构的检验报告。

4）电能计量柜（箱、屏）安装使用说明书、出厂检验报告。

5）二次回路导线或电缆型号、规格及长度资料。

6）电压互感器二次回路中的快速自动空气开关、接线端子的说明书和合格证等。

7）高压电气设备的接地及绝缘试验报告。

8）电能表和电能信息采集终端的参数设置记录。

9）电能计量装置设备清单。

10）电能表辅助电源原理图和安装图。

11）电流、电压互感器实际二次负载及电压互感器二次回路压降的检测报告。

12）互感器实际使用变比确认和复核报告。

13）施工过程中的变更等需要说明的其他资料。

（3）现场核查。核查内容及要求如下：

1）电能计量器具的型号、规格、许可标志、出厂编号应与计量检定证书和技术资料的内容相符。

2）产品外观质量应无明显瑕疵和受损。

3）安装工艺及其质量应符合有关技术规范的要求。

4）电能表、互感器及其二次回路接线实况应和竣工图一致。

5）电能信息采集终端的型号、规格、出厂编号，电能表和采集终端的参数设置应与技术资料及其检定证书/检测报告的内容相符，接线实况应和竣工图一致。

（4）验收试验。验收试验内容及要求如下：

1）接线正确性检查。

2）二次回路中间触点、快速自动空气开关、试验接线盒接触情况检查。

3）电流、电压互感器实际二次负载及电压互感器二次回路压降的测量。

4）电流、电压互感器现场检验。

5）新建发电企业上网关口电能计量装置应在验收过后方可进入 168h 试运行。

（5）验收结果处理。验收结果的处理应遵守如下规定：

1）经验收的电能计量装置应由验收人员出具电能计量装置验收报告，注明“电能计量装置验收合格”或者“电能计量装置验收不合格”。

2）验收合格的电能计量装置应由验收人员及时实施封印。封印的位置为互感器二次回路的各接线端子（互感器二次接线端子盒、互感器端子箱、隔离开关辅助接点、快速自动空气开关或快速熔断器和试验接线盒等）、电能表接线端子盒、电能计量柜（箱、屏）门等，实施封印后应由被验收方对封印的完好签字认可。

3）验收不合格的电能计量装置应由验收人员出具整改建议意见书，待整改后再行验收。

4）验收不合格的电能计量装置不得投入使用。

5）验收报告及验收资料应及时归档。

5.3.5 电能表现场检验

电能计量装置现场检验应遵守下列规定：

（1）电能计量技术机构应制订电能计量装置现场检验管理制度，依据现场检验周期、运行状态评价结果自动生成年、季、月度现场检验计划，并由技术管理机构审批执行。现场检验应按 DL/T 1664—2016《电能计量装置现场检验规程》的规定开展工作，并严格遵守 GB 26859《电力安全工作规程（电力线路部分）》及 GB 26860《电力

安全工作规程（发电厂和变电站电气部分）》等相关规定。

（2）现场检验用标准仪器的准确度等级至少应比被检品高两个准确度等级，其他指示仪表的准确度等级应不低于0.5级，其量限及测试功能应配置合理。电能表现场检验仪器应按规定进行实验室验证（核查）。

（3）现场检验电能表应采用标准电能表法，使用测量电压、电流、相位和带有错误接线判别功能的电能表现场检验仪器，利用光电采样控制或被试表所发电信号控制开展检验。现场检验仪器应有数据存储和通信功能，现场检验数据宜自动上传。

（4）现场检验时不允许打开电能表罩壳现场调整电能表误差。当现场检验电能表误差超过其准确度等级值或电能表功能故障时，应在三个工作日内处理或更换。

（5）新投运或改造后的Ⅰ、Ⅱ、Ⅲ类电能计量装置应在带负荷运行一个月内进行首次电能表现场检验。

（6）运行中的电能计量装置应定期进行电能表现场检验，要求如下：

1）Ⅰ类电能计量装置宜每半年现场检验一次。

2）Ⅱ类电能计量装置宜每一年现场检验一次。

3）Ⅲ类电能计量装置宜每两年现场检验一次。

（7）长期处于备用状态或现场检验时不满足检验条件［负荷电流低于被检表额定电流的10%（S级电能表为5%）或低于标准仪器量程的标称电流20%或功率因数低于0.5时］的电能表，经实际检测，不宜进行实际负荷误差测定，但应填写现场检验报告、记录现场实际检测状况，可统计为实际检验数。

（8）对发、供电企业内部用于电量考核、电量平衡、经济技术指标分析的电能计量装置，宜应用运行监测技术开展运行状态检测。当发生远程监测报警、电盖平衡波动等异常时，应在两个工作日内安排现场检验。

（9）运行中的电压互感器，其二次回路电压降引起的误差应定期检测。35kV及以上电压互感器二次回路电压降引起的误差，宜每两年检测一次。

（10）当二次回路及其负荷变动时，应及时进行现场检验。当二次回路负荷超过互感器额定二次负荷或二次回路电压降超差时应及时查明原因，并在一个月内处理。

（11）运行中的电压、电流互感器应定期进行现场检验，要求如下：

1）高压电磁式电压、电流互感器宜每十年现场检验一次。

2）高压电容式电压互感器宜每四年现场检验一次。

3）当现场检验互感器误差超差时，应查明原因，制订更换或改造计划并尽快实施；时间不得超过下一次主设备检修完成日期。

（12）运行中的低压电流互感器，宜在电能表更换时进行变比、二次回路及其负荷的检查。

（13）当现场检验条件可比性较高，相邻两次现场检验数据变化大于误差限的三分之一，或误差的变化趋势持续向一个方向变化时，应加强运行监测，增加现场检验次数。

（14）现场检验发现电能表或电能信息采集终端故障时，应及时进行故障鉴定和处理。

5.4 技术方案及设计图

电能表布置分为就地布置和二次室集中布置。就地布置的电能表，安装在开关柜二次小室内或开关柜柜门上，通过通信线与电能量采集终端连接。集中布置的电能表布置在二次设备室的电能表屏上。电能计量表主材料如表 5-5 所示，具体布置及接线如图 5-1～图 5-16 所示。

表 5-5　电能计量表主材料表

序号	代号	名称	型号	数量	备注
1	1n	电能表		6	开孔预留
2		电能表用联合接线盒	DFY-1	9	
3		船型电源开关	KCD1	1	
4	32SD	自动空气开关		9	
5		小母线夹		45	
6	QK	照明灯	DZ47-60C1/3	1	

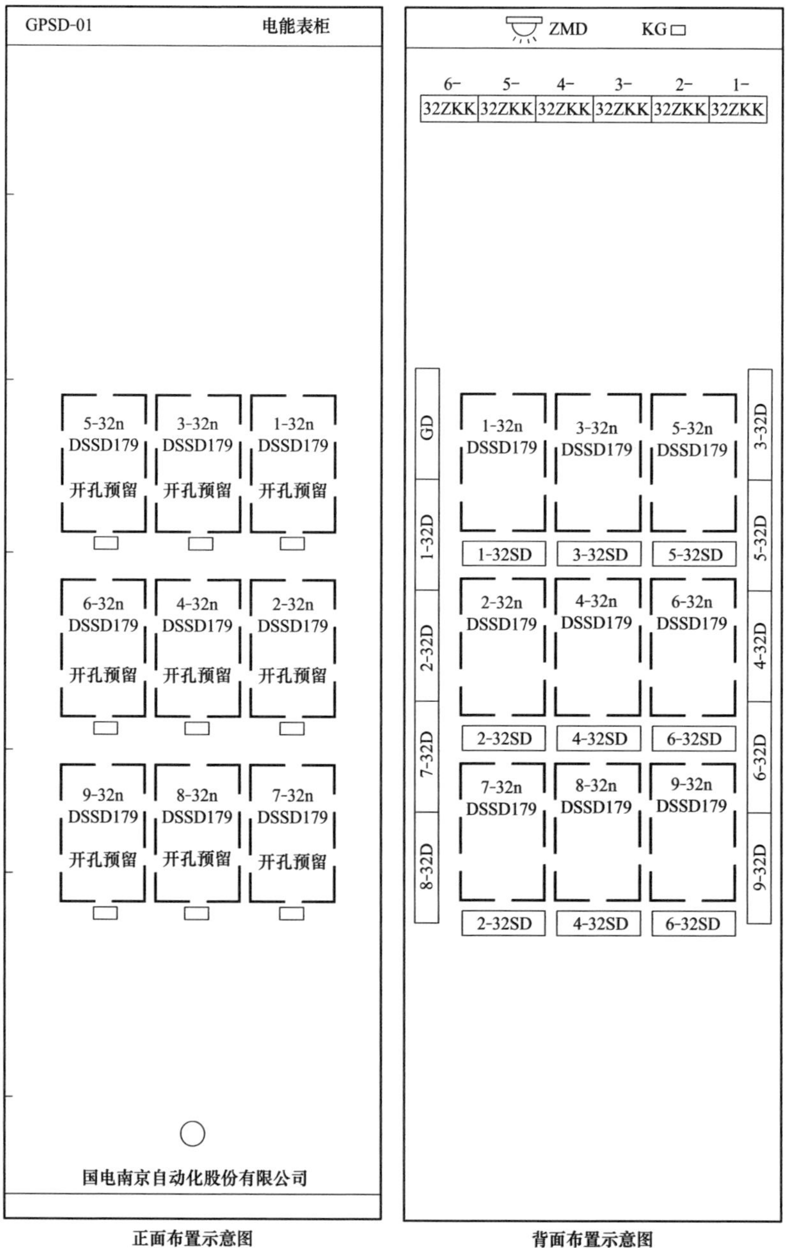

图 5-1　电能计量表屏面布置图

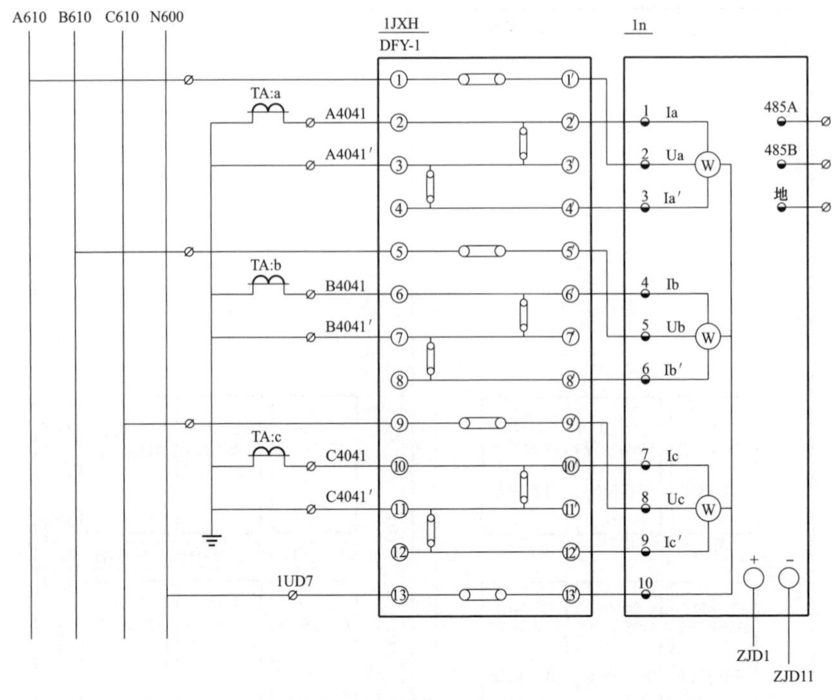

图 5-2　三相四线制接线站用电电能计量表电压电流回路图

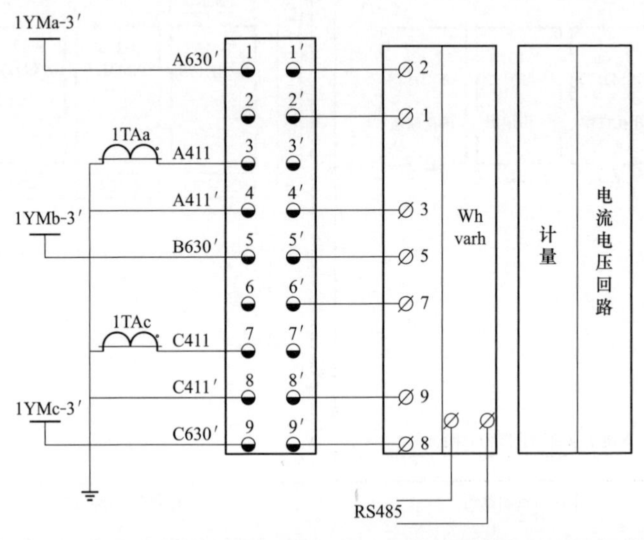

图 5-3　三相三线接线开关柜就地 10kV 电能计量表电压电流回路图

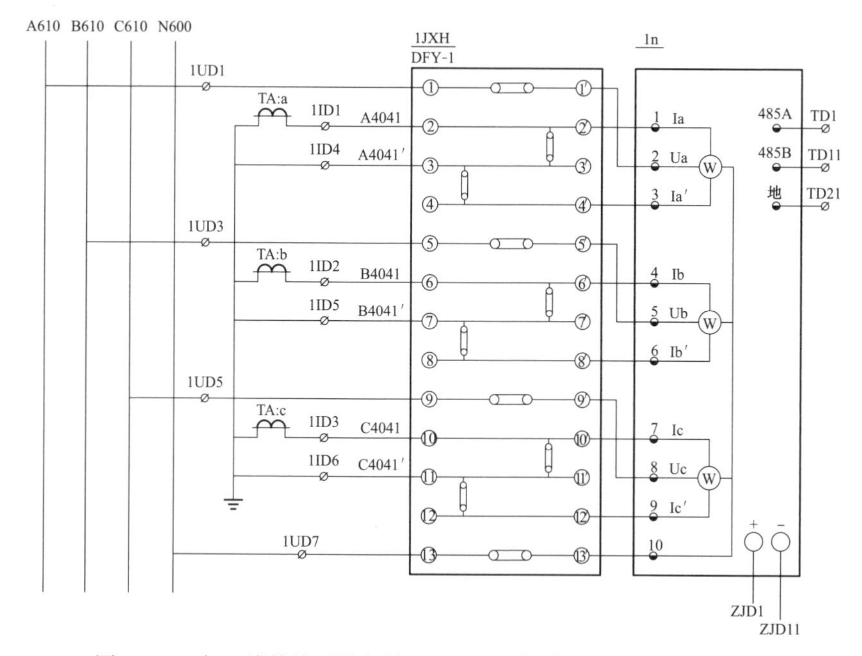

图 5-4 三相四线接线开关柜就地 10kV 电能计量表电压电流回路图

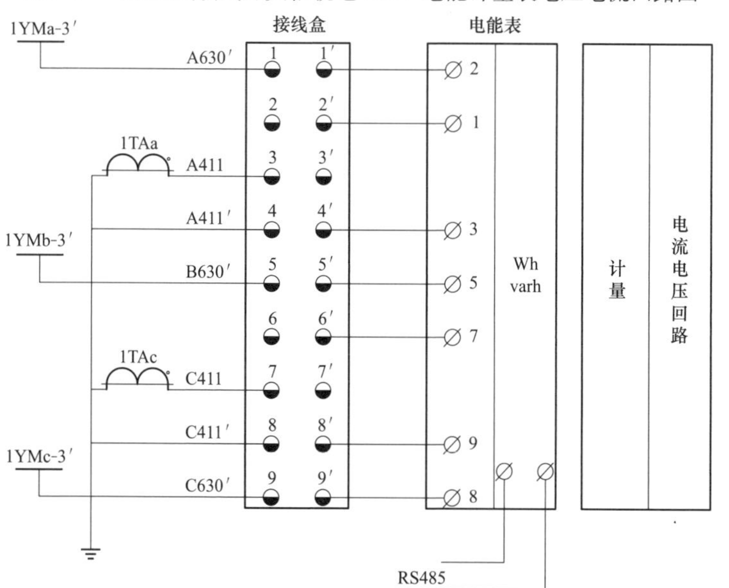

图 5-5 互感器接线站用电电能计量表电压电流回路图

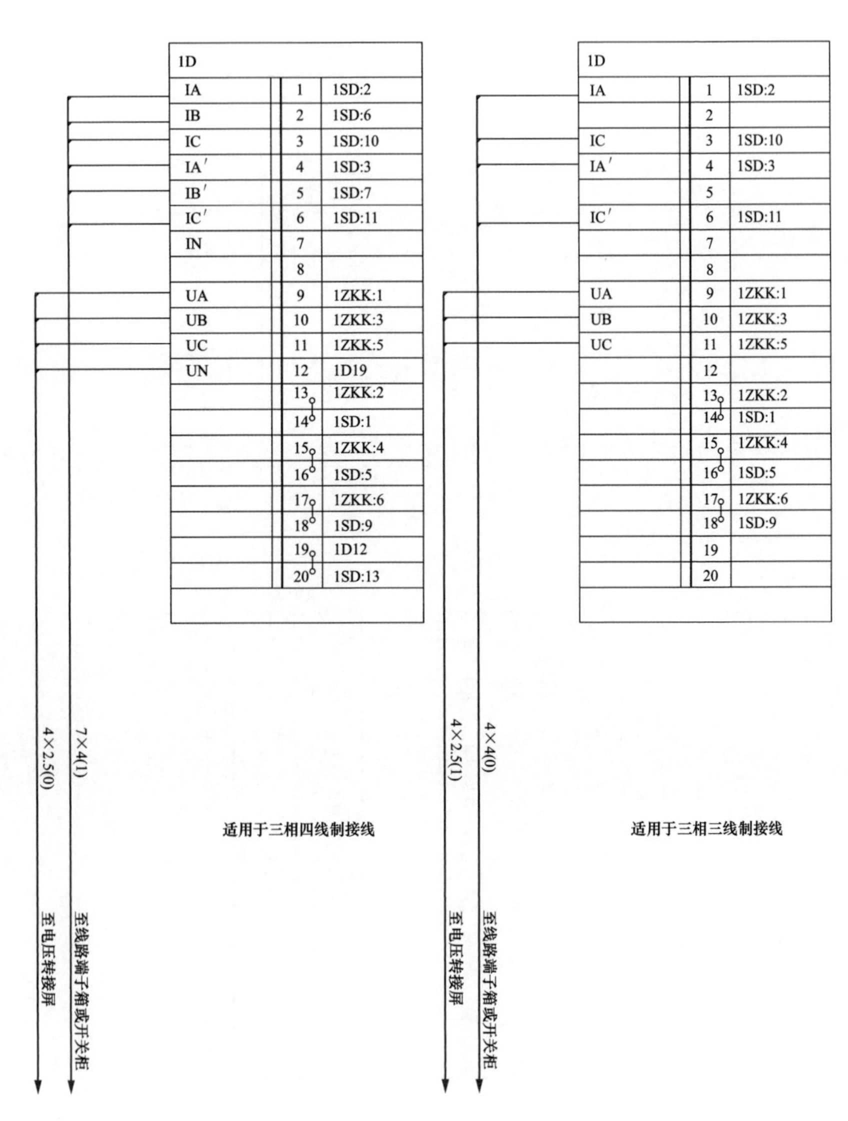

图 5-6　电能表接线端子排图

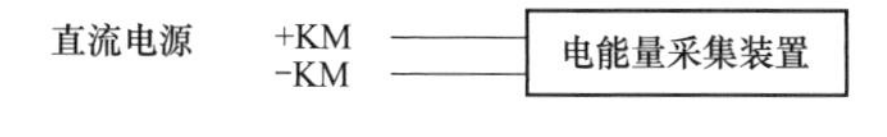

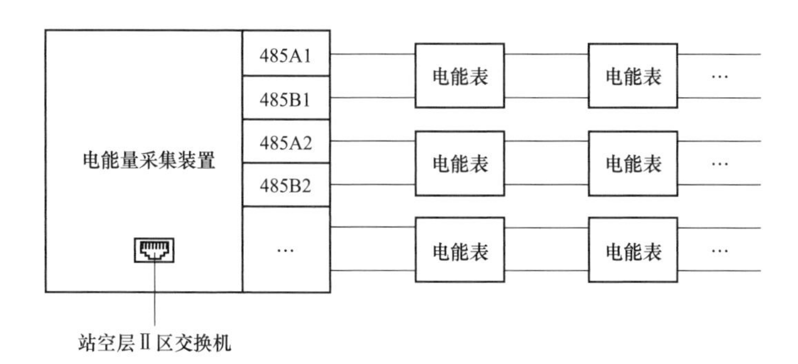

图 5-7　电能量采集装置原理接线图

35kV 及以上变电站站用电电能计量装置典型方案如表 5-6 所示。

表 5-6　35kV 及以上变电站站用电电能计量装置通用设计方案与设计图纸对应关系表

方案编号	电压等级	设计条件	图纸编号	图纸名称
1	特高压变电站站用电	电压互感器安装于母线侧，电流互感器安装于站用变一级变压器的高压侧、二级变压器的低压侧，采用专用二次绕组	图 5-8	特高压变电站站用电计量装置接线示意图
			图 5-10	特高压变电站二次电流回路原理图
			图 5-12	特高压变电站二次电压回路原理图
			图 5-14	特高压变电站二次电流回路接线图
			图 5-16	特高压变电站二次电压回路接线图
2	35～750kV 变电站站用电	电压互感器安装于母线侧，电流互感器安装于站用变高压侧、低压侧，采用专用二次绕组	图 5-9	35～750kV 变电站站用电计量装置接线示意图
			图 5-11	35～750kV 变电站二次计量电流回路原理图
			图 5-13	35～750kV 变电站二次计量电压回路原理图
			图 5-15	35～750kV 变电站二次电流、电压回路接线图

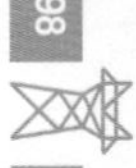

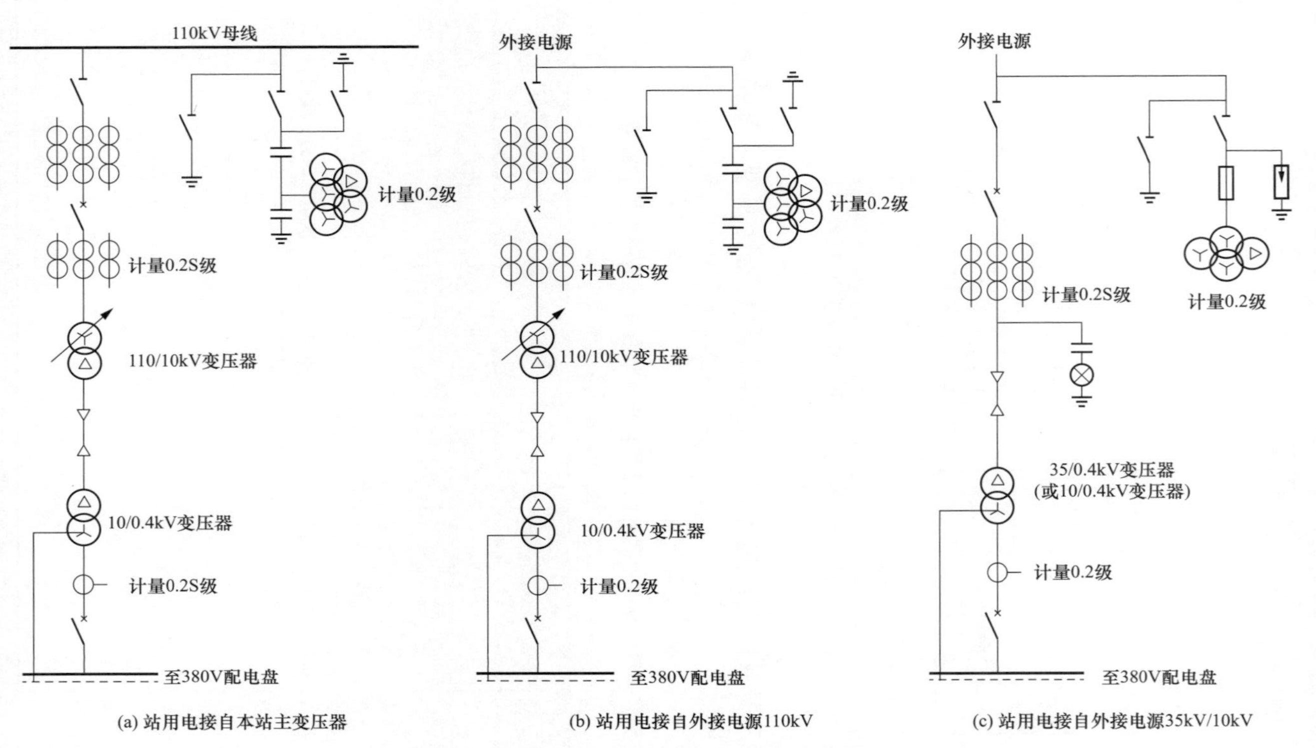

(a) 站用电接自本站主变压器

(b) 站用电接自外接电源110kV

(c) 站用电接自外接电源35kV/10kV

图 5-8 特高压变电站站用电计量装置接线示意图

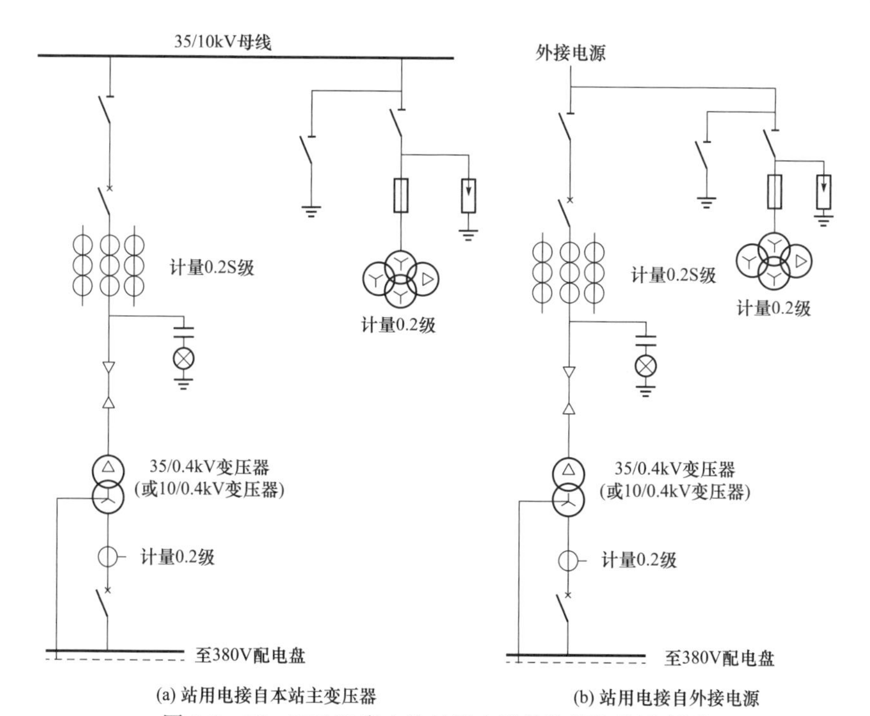

图 5-9 35～750kV 变电站站用电计量装置接线示意图

注：本图以Ⅰ、Ⅱ类电能计量装置为例的接线示意图，其他类别按照规程要求参考绘制。

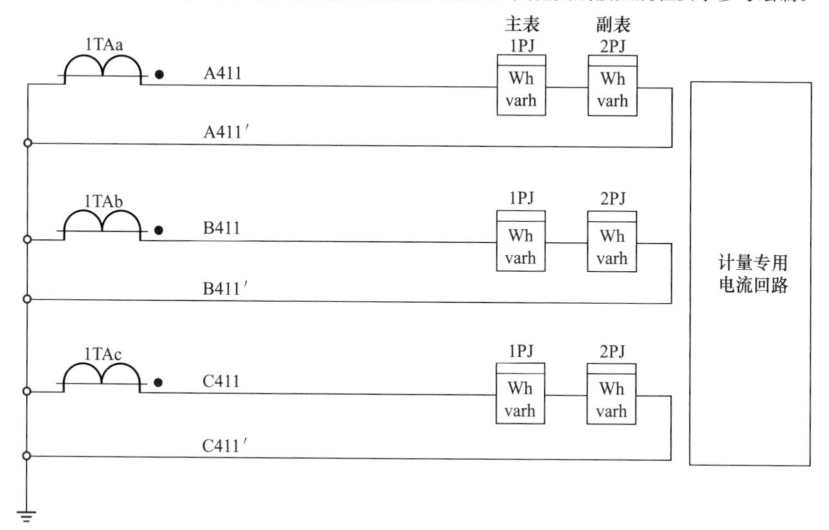

图 5-10 特高压变电站二次电流回路原理图

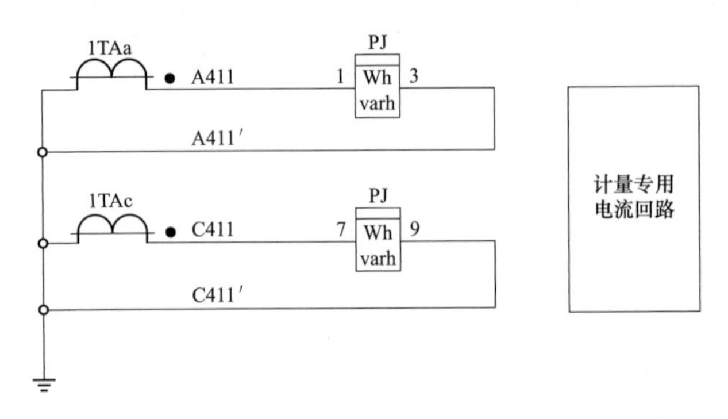

图 5-11　35～750kV 变电站二次计量电流回路原理图

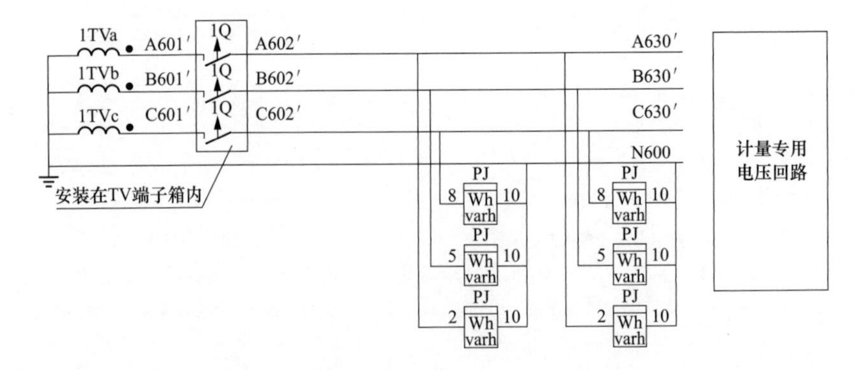

图 5-12　特高压变电站二次电压回路原理图

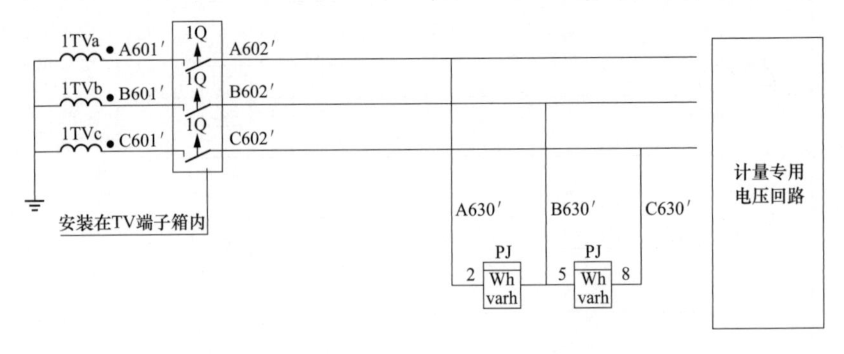

图 5-13　35～750kV 变电站二次计量电压回路原理图

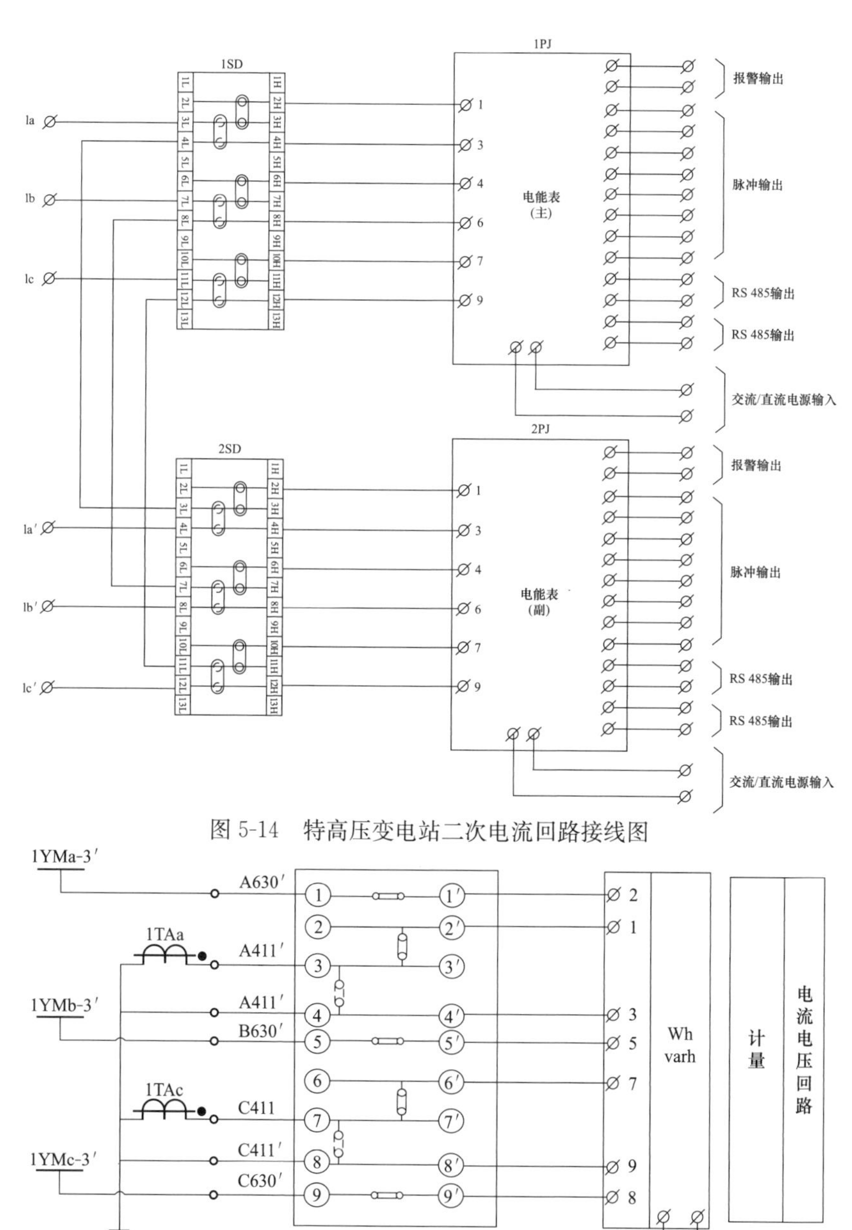

图 5-14 特高压变电站二次电流回路接线图

注：当用于Vv接线时，B630′为B600

图 5-15 35～750kV 变电站二次电流、电压回路接线图

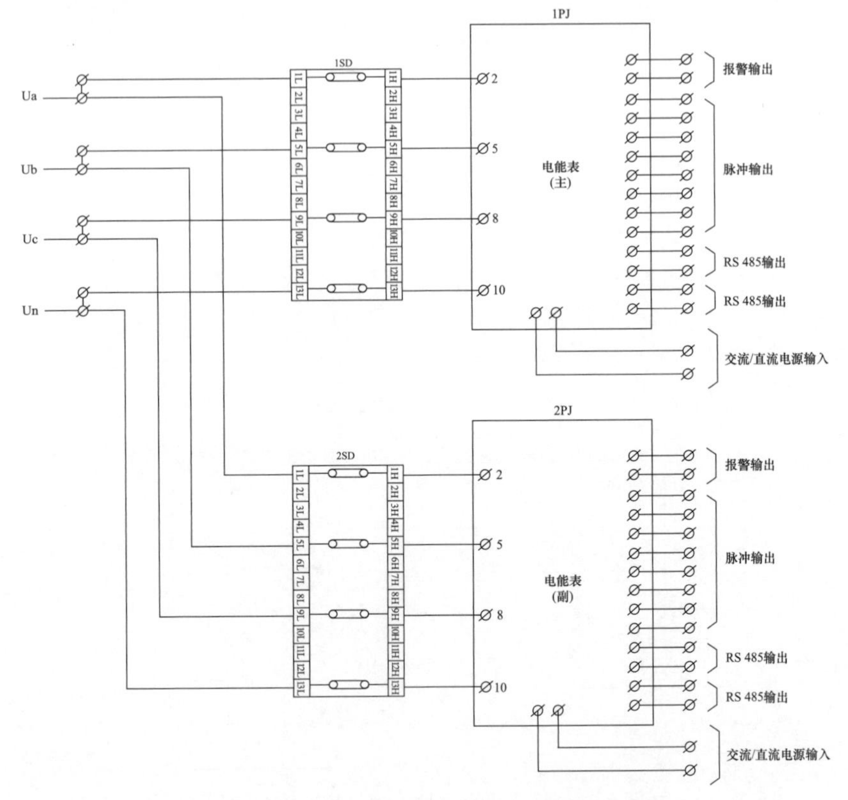

图 5-16　特高压变电站二次电压回路接线图

5.5　主站信息系统图

用电信息采集系统通过对配电变压器和终端用户的数据采集和分析，实现用电监控、负荷管理、线损分析等目的。用电信息采集系统由系统主站、传输通道、采集设备、智能电能表等构成，对采集数据进行管理和双向传输。用电信息采集系统主站信息图如图 5-17 所示，网络结构图如图 5-18 所示。

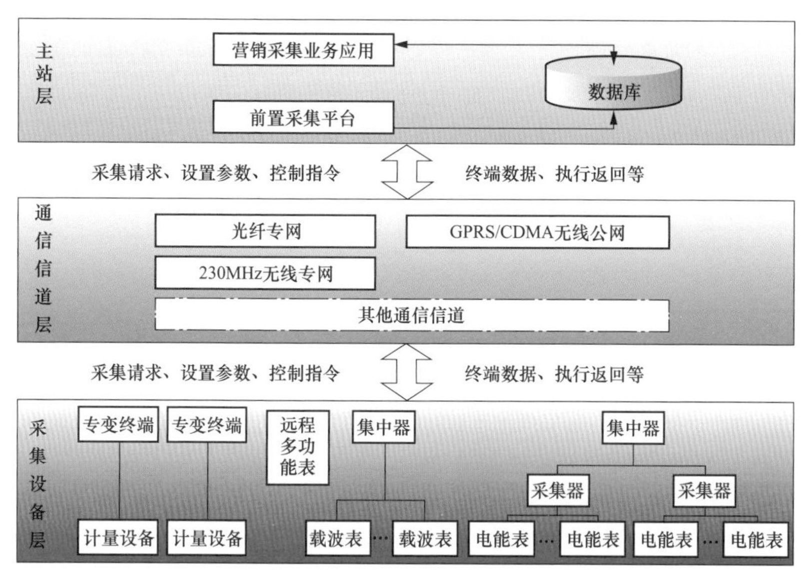

图 5-17　用电信息采集系统主站信息图

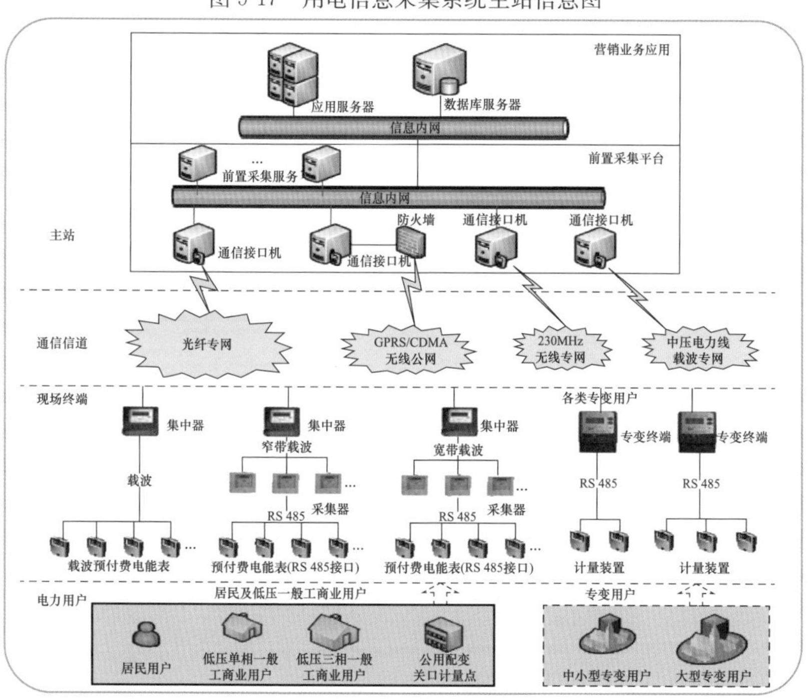

图 5-18　用电信息采集系统网络结构图